燃料電池

連北極熊都說讚的替代能源！

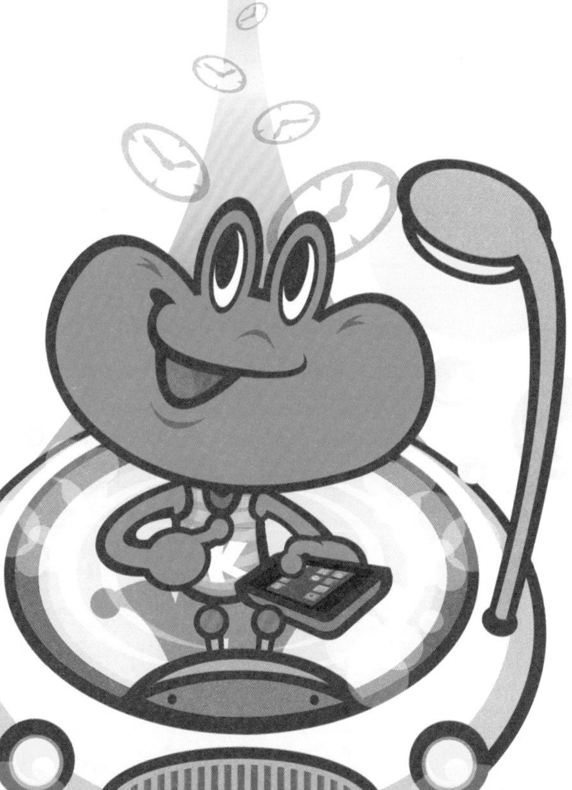

瑞昇文化

作者介紹

本間琢也

出生大阪府。1957年於京都大學大學院工程學研究科修完碩士學位。自進入通產省電子技術綜合研究所（現產業技術綜合研究所）以來，就一直在從事能源工程學的研究。1970年擔任同所的能源變換研究室長。1979年擔任筑波大學教授。1993年擔任新能源產業技術綜合開發機構（NEDO）理事、筑波大學名譽教授。1997年擔任燃料電池開發中心常任理事、2005年擔任同所顧問。著有『燃料電池入門講座』（暫譯）（電波新聞）、『氫燃料電池指南書』（暫譯）（オーム社）等許多著作。

上松宏吉

1940年出生於神奈川縣。法政大學工學部經營工程學科畢業。1962年就職於現在的IHI股份有限公司。從事LNG冷能發電、煤氣化、燃料電池（燃料電池研究部長）等相關工作，2000年擔任丸紅公司的技術協調員、2001年擔任FCTec股份有限公司代表董事、2007年起開始擔任顧問。著有『燃料電池的發電系統與熱量計算』（暫譯）、『氫燃料電池指南書』（暫譯）（共同著作）、『能量用語辭典』（暫譯）（共同翻譯）（皆由オーム社出版）等著作。

前言

有句話叫做「電池三兄弟」。這指的是「太陽能電池」、「燃料電池」、以及「蓄電池（二次電池）」這些做為環保能源設備的代表，如今正努力推展商品開發與普及的電池。此外，做為這三種電池運作原理的「光伏效應」和「電化學現象」的發現、以及燃料電池的提案，全都集中在1800年前後，這真可說是個非常有意思的事實。

太陽能電池是將太陽光轉換成電力的裝置，近年來正以急速在發展、普及。燃料電池當初雖是運用在人工衛星等宇宙開發方面，但在回歸地表後，則是做為供給電力與熱能的汽電共生裝置、以及汽車的動力源，成為貼近你我生活的一種存在。家庭用燃料電池已在2009年開始販售商用機型，而燃料電池車也預計可在2015年左右達到普及階段。

相對於太陽能電池與燃料電池這種發電裝置，二次電池則是種電力儲藏裝置。由於太陽能電池的運作需藉助自然現象，因此供給源難免會產生大幅度的變動。此時為能大量並且有效率的取得再生能源，就難以避免要導入二次電池裝置。而源自於這種構想，在把IT（電信）技術導入電網系統的同時，將二次電池與電動汽車做為供需調整手段的構想，則就是名為「智慧電網」的概念。此外，在此概念中導入熱能、提高整體的能源效率，並試圖實現低環境負擔的社會性能源基礎建設的意圖中，又衍生出「智慧型能源網」的構想。在此構想下，氫氣將會與燃料電池一同肩負起重大職責。而智慧型能源網這個構想，也讓我們對氫能社會產生了一絲期待。

本書是以燃料電池為中心，用盡各種簡單明瞭的方式，解說其運作方式與特徵，還有與電池的相異之處、種類和運用領域，以及發展歷史與開發動向為目的所撰寫的入門書籍。若能藉此書讓各位讀者加深對燃料電池的理解，那將會是身為作者的無上喜悅。

本間琢也、上松宏吉

「燃料電池」目錄

第 2 章 燃料電池和二次電池有哪裡不一樣？ 65

第 3 章 與生活息息相關的家庭用燃料電池 99

第 4 章 在生活以及經濟活動上必不可缺的汽車方面的運用 127

第 5 章 支援普及運算社會的行動設備電源 155

登場角色介紹

★ 基礎蛙的跳太君

本系列的主角。興趣是製造物品。對於任何事都深感興趣，期盼自己能有一天製造出劃時代的製品。

★ 解說員

氧基君（氧）

如同眾人首領般的存在，不論和誰都能意氣相投的製造出氧化物質。以身為宇宙第三多的元素聞名。是動物為求生存的必要存在。

氫基君們（氫）

氫為宇宙中數量最多的元素。由於非常輕盈，所以完全安分不起來。總是一副活繃亂跳過頭的樣子。不論什麼事都最喜歡當「第一名」！

燃料電池是什麼啊？

燃料電池是採用天然氣之類的一般燃料，
透過電化學反應產生電力的裝置。
這是種水電解反應的逆反應，基本上是藉由氫與氧（空氣）發電。
本章節將針對燃料電池的運作原理，進行簡單明瞭的解說。

燃料電池和電解反應相反，是藉由氫與空氣產生電力

由於燃料電池冠有電池之名，因此有許多人把它和乾電池、充電電池聯想在一塊，認為這是種可儲藏電力的機器（裝置）。只不過，燃料電池並沒有辦法儲藏電力。燃料電池是一種發電機，因此與其說它和汽車用的鉛蓄電池、以及用在行動電話等裝置上的鋰離子電池是夥伴，還不如說它比較接近引擎發電機、或是規模相差甚遠的小規模火力發電廠。

燃料電池的運作原理會在接下來的篇幅裡進行詳細解說，不過只要把這想成是我們在國中學過的**水電解反應**的逆反應，就會比較好理解了吧。在此，就當作是理解燃料電池結構與運作原理的事前準備，先來簡單介紹水電解反應的現象與其結構吧。

水電解是藉由以下化學反應，從水中產生氫與氧的反應。首先會在名為**電解槽**的容器中，裝滿水與硫酸混合而成的硫酸水溶液、或氫氧化鈉水溶液。在盛滿硫酸水溶液的情況下，此溶液的成分即為帶正電荷的氫離子（H^+）、與帶負電荷的硫酸離子（SO_4^{2-}）。而這種溶液就稱為**電解液**。電解液在流通外部電流（施加電場）時，正離子和負離子會各自往各自電荷的相反電極移動，而此舉將會形成電流。這也就是說，電解液是種可透過離子移動傳達電力的**離子導體**。

在電解過程中，會有如圖1般的將兩片裝有導電體支撐棒的鉑（Pt）版，間隔距離地插入電解槽中。隨後將正極電源（＋）接在其中一邊裝有鉑板的支撐棒上，將負極電源（－）接在另一邊的支撐棒上，緊接著，連接正極的鉑板處就會產生氧、連接負極的薄板處則是會產生氫。

重點Check!

- 燃料電池是一種發電裝置
- 電解液是由正離子與負離子構成的

圖1 水電解的概念

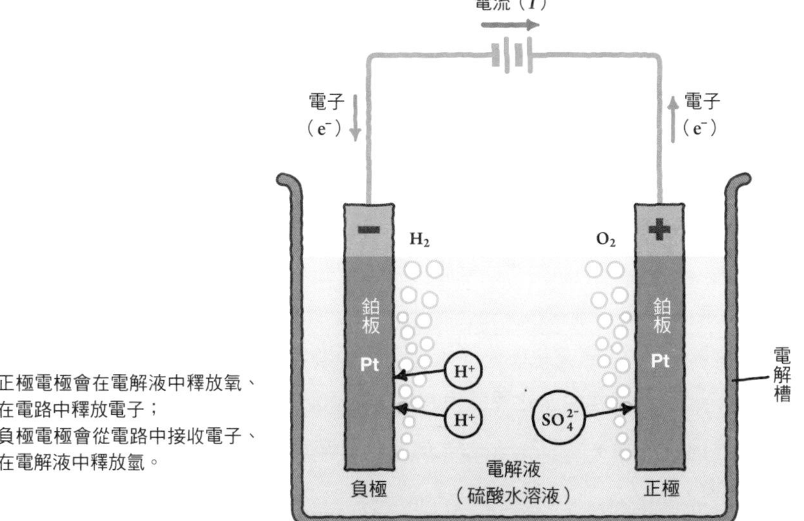

圖2 水電解反應是與燃料電池相反的反應

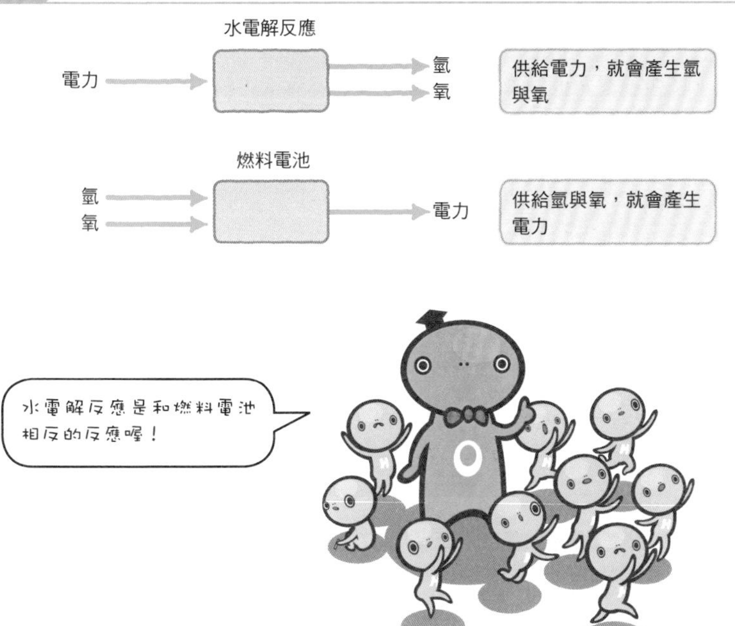

燃料電池是藉由電化學反應，直接讓燃料產生電力

雖然在方才說明中指出，燃料電池是屬於引擎發電機或火力發電的一種，但它們之間當然也會有著不同之處。其中最大的不同點，就舉火力發電來說，相對於燃料電池是將燃料具備的化學能，藉由電化學程序轉換成電能（電力），火力發電則是透過圖 1 左側顯示的流程來產生電力。

那麼，所謂的**電化學程序**又是怎樣的一種程序啊？根據化學教科書的記載，電化學的定義是為：「研究化學能與電能之間的關連性、以及相互轉換等學識的學術領域。」，因此這裡的電化學轉換程序，則可解釋成：「是藉由電化學反應，將化學能直接轉換成電能的程序。」。而基於這點特徵，燃料電池的反應又被稱為「**直接轉換**」。

化學能保存在諸如天然氣、石油、煤炭等化石燃料，或是木碳之類的生物質能資源裡，會藉由燃燒（氧化反應）轉換成熱能。熱能是種可加熱物質的能力。就舉水來說，水在加熱後會因溫度上升產生水蒸氣，這時若再對水蒸氣加熱，則將會形成高壓水蒸氣。而蒸汽渦輪機的功能，就是將這股水蒸氣壓力，轉換成旋轉的運動能。隨後要是再將蒸汽渦輪機的主軸與發電機連接，即可藉由旋轉的運動能產生電力。而這也就是火力發電使用的蒸汽渦輪式發電程序。

此外，引擎發電機是將汽油之類的液體燃料先氣化成氣狀，隨後與空氣混合，一同送入汽缸並點燃這股混合氣體，藉由氣體膨脹的力量驅使活塞進行往復運動，再將這股往復運動轉換成旋轉運動產生電力。

●燃料電池是將化學能直接轉換成電能
●電化學反應是種讓化學能與電能互相轉換的反應

圖1 燃料電池與過去發電方式的比較（能量轉換的程序）

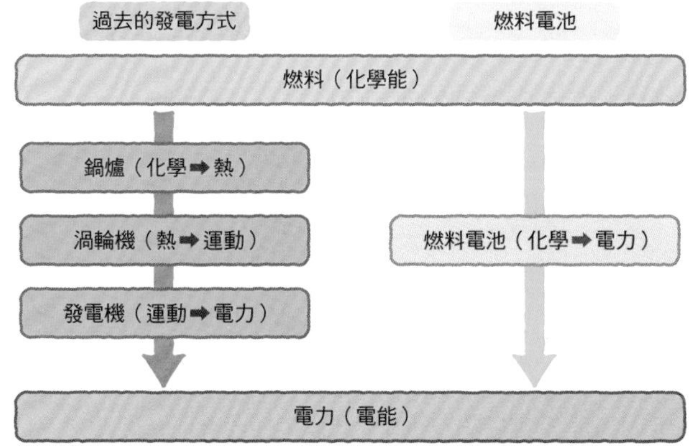

燃料電池只需經由一次轉換，就能將化學能轉換成電能，因此又稱為直接轉換。

圖2 蒸汽渦輪機發電系統的基本構成

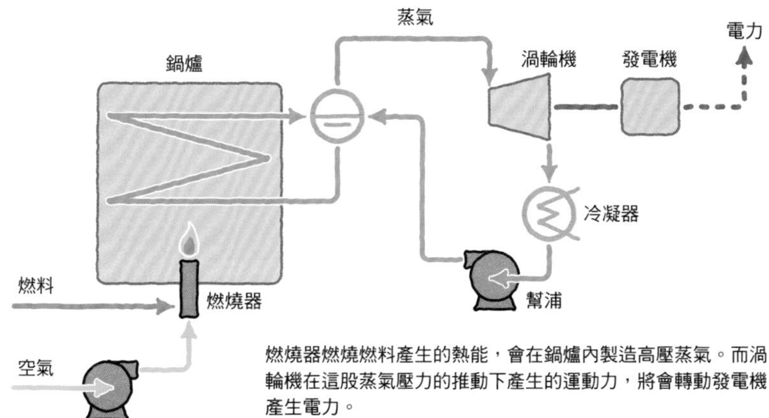

燃燒器燃燒燃料產生的熱能，會在鍋爐內製造高壓蒸氣。而渦輪機在這股蒸氣壓力的推動下產生的運動力，將會轉動發電機產生電力。

自然界中沒有單獨存在的氫，因此一般都會藉由重組化石燃料製造

在（001）時，曾說明燃料電池是：「水電解反應的逆反應，可藉由氫與氧產生電力」的裝置。而氫是種潔淨燃料，不僅是燃料電池，就算用舊有的熱機燃燒，也不會排放二氧化碳、硫氧化物、黑煙等有害環境的物質；只不過，自然界中並沒有單獨存在的氫，因此必須透過人工方式製造。一般來說，會利用天然氣、液化石油氣、煤油等化石燃料的**重組反應**製造氫。

在運用這種名為重組的化學手段製造氫時，同時也會釋放出二氧化碳。舉例來說，在用天然氣製造氫時，每4莫耳的氫氣就會產生1莫耳的二氧化碳。而這也就表示說，就算是使用氫燃料，也不能算是零污染的發電方式。

那麼，有沒有完全不會產生二氧化碳、或是僅會產生些許二氧化碳就能獲得氫的方法呢？

就目前的例子來看，就是藉由太陽能發電或風力發電之類的再生能源進行水電解反應；只不過，若假設燃料電池的發電效率為40%～50%左右，那麼在“電力→氫→電力”的循環中，就將會損失一半左右的能量。至於其它可運用的再生能源，則還有藉由生物質能產生的氫、以及利用食物廢棄物或污水淤泥在沼氣發酵中產生的甲烷進行重組反應。此外，雖然現在還沒辦法辦到，但如今也正在著手研究透過高溫氣冷式反應爐（核能）產氫的技術。

而比較實際的方式，則是在諸如食鹽電解工業製造苛性鈉的生產程序中獲得的氫副產品。這種氫**副產品**會在食鹽電解工業或石油精製、製鐵程序的過程中大量產生。

- 氫會藉由天然氣或液化石油氣的重組程序製造
- 目前正在著手研究藉由再生能源以及高溫氣冷式反應爐產氫的方法

圖1 氫主要的製造程序

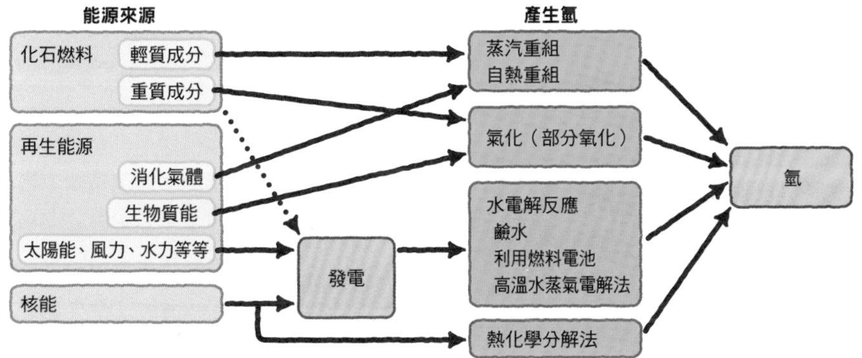

使用再生能源或核能產氫的製造過程不會排放二氧化碳。有關於蒸汽重組的詳細介紹，請參照（013）。而消化氣則是種有機物在與空氣隔絕的情況下，藉由發酵作用（厭氧發酵）產生的甲烷與二氧化碳的混合氣體（請參照083）

莫耳（mole）的說明

12g的碳，約是由6.022×10^{23}個碳原子所構成。而就如同述，若是將實際處理的物質量用構成該物質的主要粒子來表示，將會因為數值過大而產生不便。在這時，我們就會將與質量為12的碳中每0.012 kg所含有的^{12}C原子數相同數量的主要粒子集團定義為1莫耳。目前已知的理想氣體的體積，是在標準狀態（25℃、1大氣壓）下為22.4公升／莫耳。

用語解說

蒸氣重組 → 使用觸媒，讓輕烴（甲烷等氣體）與水蒸氣進行反應，產生氫與一氧化碳的程序。[$CH_4 + H_2O \rightarrow CO + 3H_2$]或是[$CH_4 + 2H_2O \rightarrow CO_2 + 4H_2$]
氣化（部分氧化） → 通常是不使用觸媒，用碳氫化合物（烴）完全燃燒時的所需氧氣的1/3左右的氧進行燃燒，藉此產生氫與一氧化碳的方法
自熱重組 → 是上述兩種方式的複合方法。是用少量氧氣燃燒輕烴與水蒸氣的混合氣體，並以此做為熱源，使用觸媒進行蒸氣重組的方式

燃料電池就算在低溫操作或小規模下，也能達到高效率的發電

相較於現在廣泛使用的熱機，燃料電池有著數項優點。首先第一項，就是在低溫操作下也能高效率的發電。使用燃燒熱能的熱機，基於所謂的**卡諾循環效率限制**的原理，發電設備若沒有高運作溫度，就無法獲得高發電效率。相對於此，燃料電池——比方說，期待能普及成為汽車動力源以及家庭用電源的**固態高分子膜燃料電池**，儘管操作溫度是趨近於常溫的80℃這種低溫，但發電效率卻能夠有超過35%的趨勢。

第二項優點，則是沒有像熱機那樣有規模（尺寸）上的限制。熱機為預防熱能流散，會出現發電規模不大、就無法獲得高發電效率的傾向。關於這點，燃料電池就算是1kW（千瓦）級的小容量家庭用電源，也能夠達到40%左右的發電效率。

第三項優點，是燃料電池適用於**現場發電**（在使用者身旁的發電），並可將發電過程中釋放的熱能利用在**汽電共生**方面。我們可經由實證試驗得知，同時使用電力與熱能的汽電共生發電，根據所需要的熱能，能源利用效率有時甚至可達到80%的程度。

第四項優點、尤其是做為汽車動力源使用時特別有利的優點，則是燃料電池就算負載情況低於額定值，效率也不會因此降低的特性。這邊所提到的負載，是指諸如電燈、馬達那種需要消費電力的機械所消費掉的電力。熱機一般來說，會顯示出在額定負載以外的情況下運作時，效率會大幅降低的傾向。

最後，只要能進行重組反應，就能夠廣泛運用各式各樣燃料的特性，也能算是燃料電池的一種優點吧。

●燃料電池不受卡諾循環效率的限制
●燃料電池就算是小規模輸出，效率也依舊很高

圖1 發電輸出與效率的關係

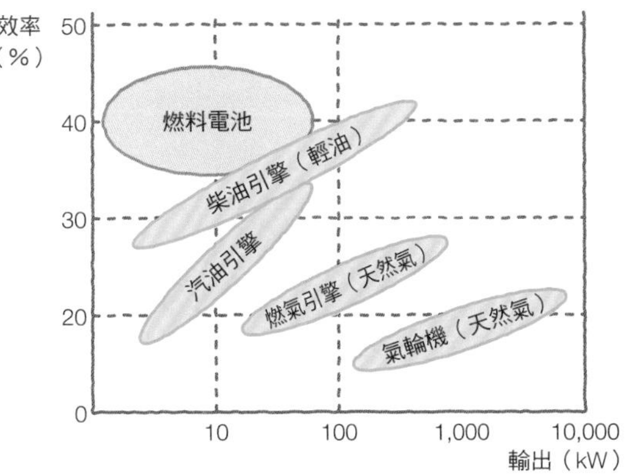

燃料電池就算體型小，效率也一樣很高

圖2 燃料電池的特徵

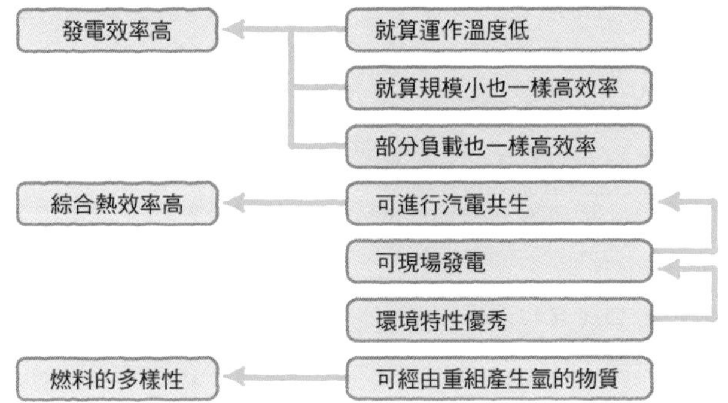

用語解說

卡諾循環效率 → 熱機在理論上的最高效率，是由高溫熱源的溫度（T_H）、與低溫散熱裝置（空氣或冷卻水等等）的溫度（T_L）決定。卡諾循環效率的定義為下列公式：

卡諾循環效率＝（$T_H - T_L$）／T_H

（溫度單位為絕對溫度[K]）

005 發電單位的單電池，是由電極、電解質、分隔板以及外電路構成的

燃料電池的基本發電單位叫做**單電池（cell）**。單電池是由燃料電極、空氣電極，分隔板或是雙極板，以及外電路構成的。由於這是最基本的結構，因此無關於燃料電池的種類或形狀，各個都是不可欠缺的重要要素。以下將會針對單電池在燃料電池中的運作方式以及功能進行說明。

燃料電極會將做為燃料的氫氣分解成氫離子與電子，並將氫離子送往電解質、將電子送往外電路。此現象為物質釋放出電子的**氧化反應**，而進行氧化反應的燃料電極就叫做**陽極**。

電解質的功能，是要讓氫離子能夠順利的通過。若無法辦到這一點，將會增加損耗、降低燃料電池的發電效能。另一方面，電子則是會經由外電路到達空氣電極，並在此處與通過電解質的氫離子再度會合，同時與空氣中的氧相會。氫離子、電子、與氧將會此結合成水。這由於是種獲得電子的反應，因此是種**還原反應**。而進行還原反應的空氣電極，則就叫做**陰極**。電流的定義為電子流動的反方向、也就是陰極往陽極移動的流向。倘若在電路中連接機械，該機械就會因為電流流通而獲得電力。至於電子與離子的流向，則都會形成一個電氣性的封閉迴路（圖2）。

單電池一般都會製成薄板狀，而達到實用階段的燃料電池，會將這種單電池大量疊放成**電池堆結構**（stack structure）。其中分隔板會形成單電池的分界線，在與鄰近單電池的間隔中分離氣體燃料與空氣，並同時負責串聯單電池的電力（單電池的構成要素請參照 011）。

●釋放電子的反應為氧化反應、獲得電子的反應為還原反應
●電解質為離子的通道

圖1 燃料電池的發電原理

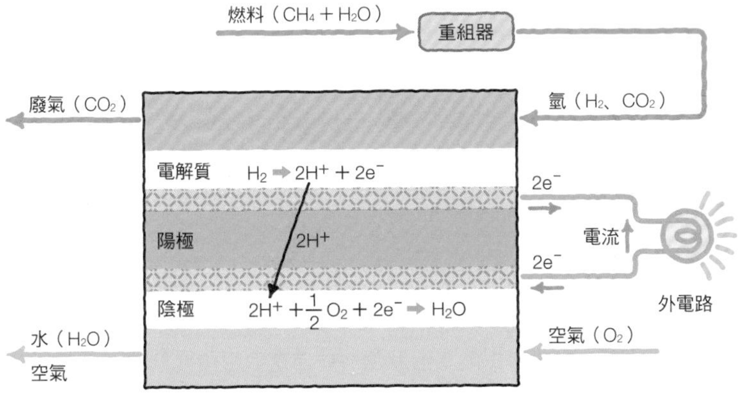

在供給燃料電極（陽極）氫、空氣電極（陰極）氧後，氫就會與氧產生電化學反應，並在生成水的過程中產生電力。在上圖中，氫與空氣的通道是由分隔板負責擔任

圖2 電氣性的封閉迴路是？

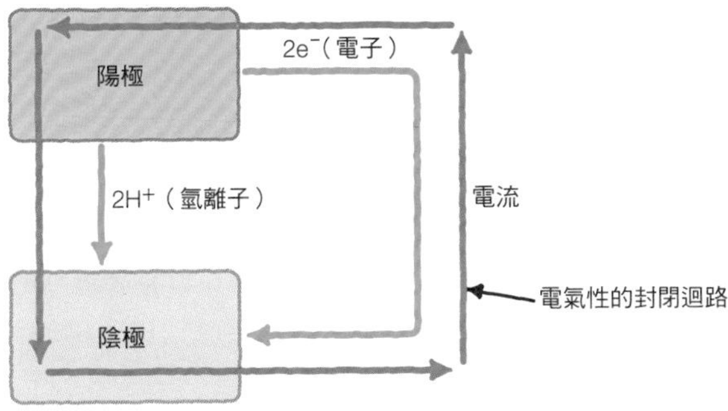

由於電子帶有負電荷、氫離子帶有正電荷，因此在電氣性的流向上，雙方會是完全相反的方向，但卻也同樣帶有電氣特性。電流則是會朝電子流向的相反方向流動

單電池的電能與電壓，可藉由吉布斯自由能的減少量來計算

在（005）中，說明了單電池的結構與離子、電子的流向。一對電極與電解質的組合、再加上外電路的連結，為什麼會自然而然地產生電化學反應，使電流流通外電路呢？這是因為比起從外部導入的反應物：「氫與空氣（氧）」，生成物：「水」這邊的能量較低的關係。

這邊所說的能量，指的是受到熱力學定義的**吉布斯自由能**。所有的化學反應，都會自然而然地從吉布斯自由能高的狀態，往吉布斯自由能低的狀態進行。若想要反向操作化學反應，就必須從外部注入能量。而相對於燃料電池產生電力的反應，做為其逆反應的水電解反應，若不從外部供給電力就無法進行的這點，則也闡明了這個事實。

舉例來說，請試著想像水車藉由從高山落下的水流轉動、並藉此做功（產生動力）的畫面吧。水是一定會從高處往低處流動。這是基於高處的位能遠比低處的位能還要來得大的關係。然後在完全不考慮能量損耗的情況下，水流對水車作用的功量（力學能量），應該會等同於位能隨著水流動而減少的量。位於力學體系中的這個位能，就相當於電化學體系中的吉布斯自由能。因此，燃料電池的電力輸出，就理論上會同等於吉布斯自由能減少的量。當處於標準狀態時，燃料電池在熱力學上的理論電壓，在使用氫燃料的情況下為1.23V；燃料電池的理論電壓，會和吉布斯自由能成正比、和反應過程中在電極間流動的電子個數（莫耳數）成反比。

●熱力學的吉布斯自由能，相當於力學的位能
●燃料電池的輸出，在熱力學中相當於吉布斯自由能的減少量

圖1 水力發電與位能

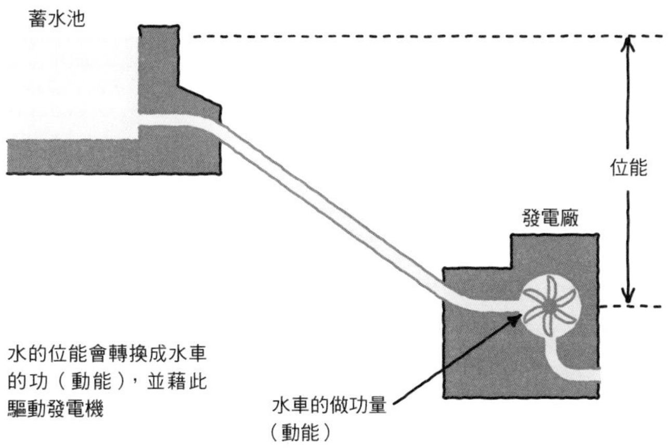

表1 水力發電與燃料電池的比較

	水力發電	燃料電池
能源	水的位能	吉布斯自由能
第一次損耗	管線抵抗、水車的效率等等	內電阻、電極的反應電阻
第一次輸出	水車的做功量	燃料電池的直流電輸出
第二次損耗	發電機效率	變頻器
第二次輸出	發電機輸出（交流電）	變頻器的交流電輸出

燃料電池的電動勢，在未流通電流的電極間顯示的電壓，相當於在圖1中的力學體系中的水道高度。電流則相當於水流，且由於不論是電流還是水流，都會在流動時碰上阻力，功率也會因此而降低

007 為求燃料電池的發電效率，會使用到熱力學的能量函數

關於燃料電池的發電效率很高這點，已在（004）中說明過了。一般發電機的發電效率，會用注入發電機的燃料熱能（這就叫做熱值）、與發電量的比率表示。在（006）的篇幅中說明了：「燃料電池的發電量，理論上即是在氫與氧合成水的電化學反應中，吉布斯自由能的減少量。」。而這個減少量，則相當於反應物——氫與氧帶有的吉布斯自由能，減去生成物——水的吉布斯自由能的值。

那麼，燃料的熱值又是怎麼決定的？在熱值的計算上，會使用到名為**焓（熱含量）**的熱力學能量函數。這是由於注入燃料的熱值，會恰好等於焓減少量的緣故。至於燃料電池的熱值，則是會等同於反應物——氫與氧的焓，減去生成物——水的焓的值。因此，理論發電效率將可藉由：

$$\text{理論發電效率}=\frac{\text{吉布斯自由能的差值}}{\text{焓的差值}}$$

這個公式計算。

燃料電池發電效率的值，會根據生成物是水（液體）還是水蒸氣（氣體）而有所不同。在假定生成物是水的情況下，發電效率大約會是83%，而這種發電效率則就稱為**高熱值基準**。不用說，這是假定反應是在1大氣壓、25℃的標準狀態下進行所做出的計算，並會顯示出發電效率具有溫度越高、效率越低的傾向。

相對於此，在假定生成物為水蒸氣的情況下計算的發電效率，就稱為**低熱值基準**。不過在燃料電池上，這個值將會遠比高熱值基準來要來得高，達到大約94%的程度。因此在國際標準上，會採用低熱值作為燃料電池的發電效率。

●燃料的熱值，等同於焓的減少量
●發電效率的基準可分為高熱值與低熱值兩種

圖1 焓（熱含量）是什麼？

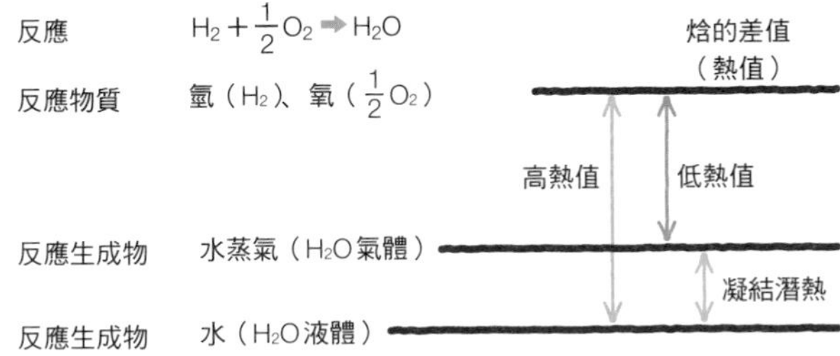

內能是總能量減去系統內動能與位能後的能量

圖2 高熱值與低熱值的不同之處

反應 $H_2 + \frac{1}{2}O_2 \rightarrow H_2O$

反應物質 氫（H_2）、氧（$\frac{1}{2}O_2$）

反應生成物 水蒸氣（H_2O氣體）

反應生成物 水（H_2O液體）

焓的差值（熱值）

高熱值

低熱值

凝結潛熱

差異就在於，有沒有包含水的蒸發（凝結）潛熱在內

圖3 燃料電池的理論發電效率

$$\text{理論發電效率} = \frac{\text{吉布斯自由能的差值}}{\text{焓的差值}}$$

低熱值的理論發電效率：約為94%

高熱值的理論發電效率：約為83%

關於燃料電池的實際發電效率，請參照（017）。

用語解說

吉布斯自由能 → 吉布斯自由能的公式為：ΔG＝ΔH－TΔS。若要具體說明，就是反應過程的吉布斯自由能，是反應熱減去溫度與焓的乘積的值。反應熱（燃燒熱）儘管不會受到溫度太大影響，但在1000℃時，吉布斯自由能約為燃燒熱的71%、在70℃時則約為93.5%。就理論上來說，這種吉布斯自由能可全部轉換成電能，而當吉布斯自由能全部轉換成電能時的電壓，就叫做理論電壓。

008 電流是根據電極的反應速度決定的

在燃料電池的電極間流動的電流，若套用水車的例子，就相當於每單位時間落下的水量。而這股水力的做功量，就等於流速乘以供水量的積。若水道中存有諸如岩石之類妨礙水流的障礙物（電阻），流速也會相對的減少。

至於燃料電池的電流大小，則是會與電極的化學反應速度成正比。而在這邊提到的反應速度，會在觸媒作用的促進下產生明顯加速。燃料電池經常會使用鉑做為觸媒。此外，由於反應速度會與反應物的質量成正比，因此燃料電池的電流，首先就會先受到供給燃料電極（陽極）的氫氣量、與導入空氣電極（陰極）的氧氣量控制。在外電路中，電流是從空氣電極流向燃料電極；但電子的流向卻是和電流完全相反，等同於在電解質中，從燃料電極端流向空氣電極端的離子流向。此外，電子流向與離子流向都會形成一個連續性的電氣性封閉迴路（有關封閉迴路請參照005）。

那麼，就像水道中的岩石一般，導致燃料電池的電壓降低、抑制電流的原因有什麼啊？這裡可舉出三項主因。首先第一項，是在離子通道（電解質）或電子通道（電路）中，阻礙離子或電子流向的電阻。這就相當於歐姆定律中的電阻，其名就叫做**電阻極化**；第二項主因，是受到在電解質與電極的邊界上形成的離子層（邊界層）影響產生的**電位山**（參照圖3）。這種電位山會成為一種減緩電極反應的障礙，而這種障礙就叫做**活性極化**；然後第三項則是**濃度極化**，而這種障礙的形成原因，是因為離子擴散的速度緩慢，導致電極反應速度受到抑制的關係。

●極化是伴隨電流現象產生的電位間隙
●極化可分為電阻極化、活性極化、以及濃度極化

圖1 什麼是觸媒？

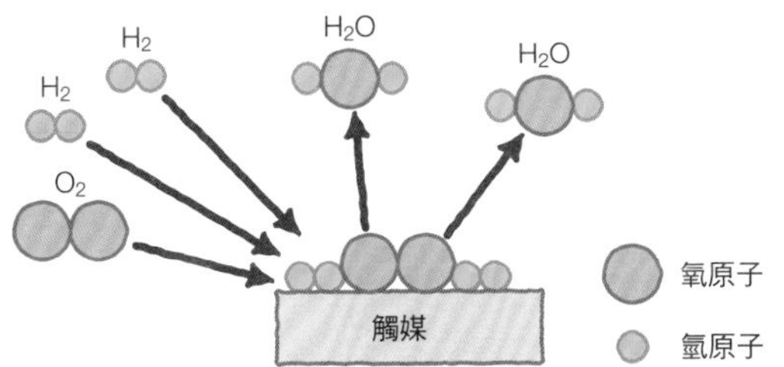

在接近常溫的環境中，氫與氧就算混合也不會引起燃燒反應；但倘若吸附在鉑的表面上，則就會引發燃燒反應。儘管鉑在反應前後幾乎毫無變化，但依舊能顯著地促進反應產生。而這種就算不會產生反應公式，也能夠促進反應產生的物質，就叫做觸媒

圖2 導致燃料電池電壓降低的主因

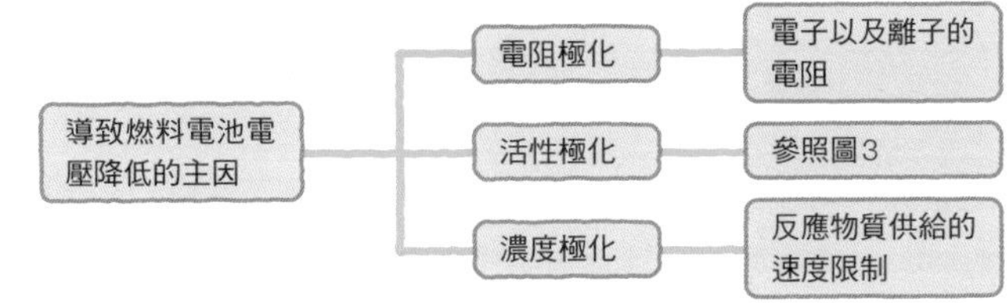

圖3 什麼是活化能？

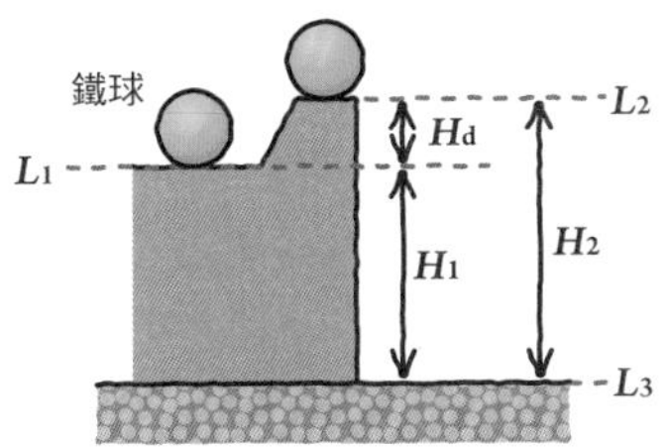

活化能概念：位於L_1階層的鐵球，由於帶有相當於H_1的位能，因此在落到L_3階層時，就會將該份位能轉換成熱能。然而，要是前端有如同圖中一般隆起，那鐵球若不先提昇至L_2階層，就無法將位能轉換成熱能。而線段H_d的能量，也相當於活化能的能量。有關於化學反應的活化能，請參照右圖說明。

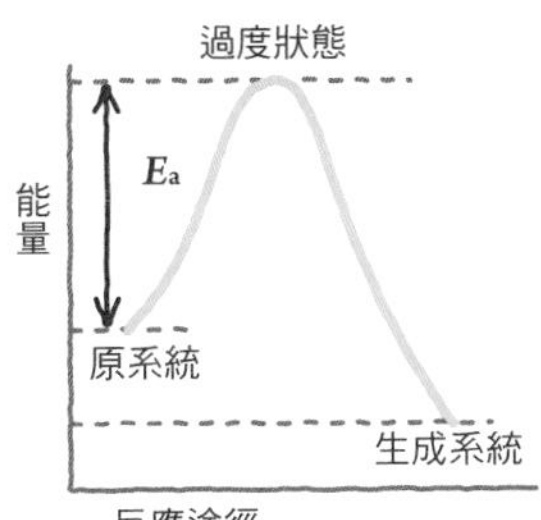

什麼是活化能（Ea）？：
在某反應從原系統轉變到生成系統的過程中，過度狀態與原系統之間的能量差。

電流增加，電極間的電壓就會下降

當電源的輸出電壓固定時，倘若在該系統的正極與負極間連接電阻器、使電阻值產生變化，那電極間的電壓與電流值的關係將會產生直線變化。然而，當電源為燃料電池的情況時，電壓與電流將不會是單純的直線關係。

圖1是將燃料電池單電池的電流密度（每單位面積的電流值）設為橫軸、電極間電壓設為縱軸，藉此表示電壓與電流關係的圖表。可從該圖表中看出，倘若我們從開放（OCV：電阻無限大、電流為零）狀態開始緩緩地增加電流，那麼電壓就會急速下降。而在（008）篇幅中提到的第二項障礙，則正是引起這種現象的主因。也就是說，這是電極表面形成的電荷邊界層導致反應速度降低，令電流難以流通；若想要維持電流的話，就必須要提升燃料電極（陽極）的電壓、降低空氣電極的（陰極）的電壓才行。這種電壓下降是基於活性極化產生的現象，因此會在電流值小的領域中顯著出現。

在（008）篇幅中描述的第一項障礙現象，眾所皆知是基於內電阻產生的電壓下降，且和歐姆損失相同，電壓會相對於電流值產生直線下降。這是電阻極化，不論該領域中的電流值大小都會產生。

具有在影響電極反應的離子或分子的擴散速度限制下，使電極反應受到壓抑，導致的電流質減少、或是為保持電流值而降低電壓含意的濃度極化，會在電流值大的領域中顯著出現，同時也會成為決定名為**限制電流**的電流最大值的主因。

產生的功率密度，會等同於圖1表示的矩形面積。

●燃料電池的電壓與電流之間並非是直線關係
●活性極化的影響會出現在電流小的領域中

圖1 燃料電池的電動勢與電壓下降（極化）

參考資料：『氫燃料電池指南書』
氫燃料電池指南書編輯委員會　編著（オーム社）

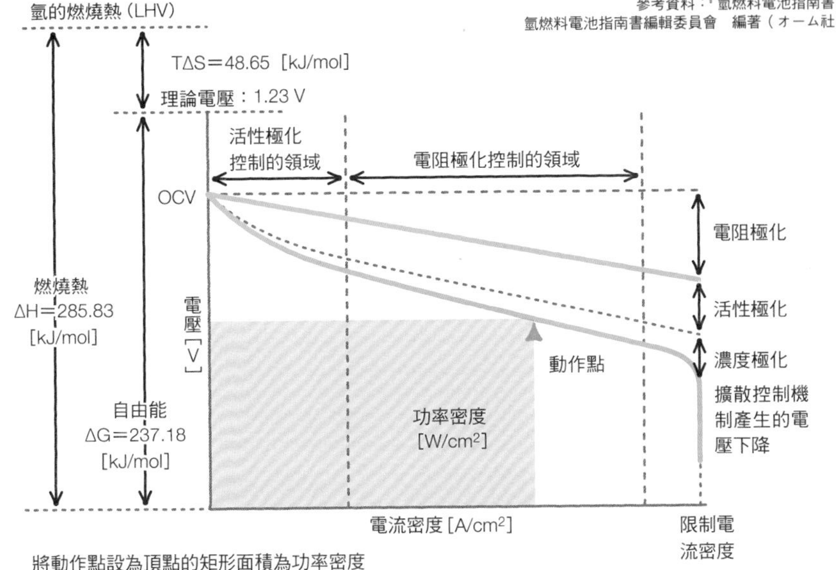

將動作點設為頂點的矩形面積為功率密度

擴散控制機制與限制電流密度

擴散控制機制

擴散是在一個混合有異種分子的系統、比方說是陰極氣體的系統中，表示某分子、譬如二氧化碳的濃度分佈變化的過程。舉例來說，就是指當電極消耗二氧化碳、使電極附近的二氧化碳濃度下降時，二氧化碳會從濃度高的位置移動過來，保持平衡態的過程。

控制機制是在影響某系統的複數因素之中，某個具有決定性影響力的因素。舉例來說，在影響電極反應速度的溫度、壓力、氣體成分等眾多因素中，最後發現某種氣體的擴散速度會對反應速度產生決定性影響力的情況下，那麼此時的電極反應，就是屬於擴散控制機制。

限制電流密度

濃度的差異越大、擴散速度也就會越快，但在考慮到上述電極反應的情況下，比方說當供給陰極的二氧化碳濃度為一定時，那麼在電極表面的二氧化碳濃度為零的時候，擴散速度將會達到最大值，導致無法用更快的速度進行發電反應，因此這時候就會形成限制電流密度。

用語解說

LHV（Lower Heating Value → 低熱值
T → 溫度（K）
ΔS → 熵（熱力學函數）的差值
OCV（Open Circuit Voltage） → 開路電壓
ΔG → 自由能的差值

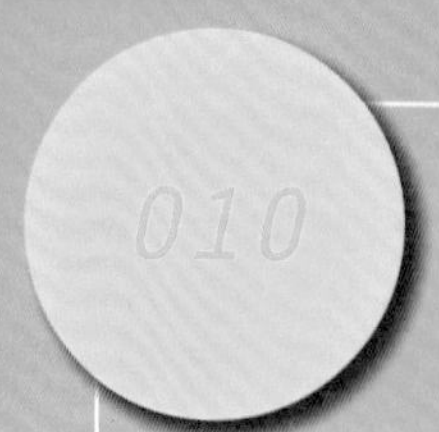

電極上會形成氣體分子、觸媒、電解質三者互相接觸的三相界面

在至今為止的說明中，已經可以得知電極在燃料電池之中扮演著極為重要的角色了吧。那麼現在就來一邊觀察電極的反應程序，一邊說明電極要發揮性能的必備條件以及適合達到此條件的構造吧。

舉例來說，在固態高分子膜燃料電池這種以氫為燃料的低溫操作燃料電池中，為促使電極反應進行，會使用鉑、或著鉑與釕的合金觸媒。而使用釕的目的就在於，當導入電極的氫氣中混有一氧化碳（CO）時，可避免一氧化碳吸附在鉑表面上劣化觸媒作用。因此，不會接觸到一氧化碳的空氣電極端，就沒有使用釕的必要。

在固態高分子膜燃料電池的燃料電極端，外部供給的氫氣會在分子與鉑觸媒的接觸下，促進氫離子與電子的分離反應。其中氫離子會送往電解質處、電子則送往電極的電子導電體處。至於在另一邊的空氣電極端，氧分子會在鉑觸媒的表面上，與氫離子、電子反應生成水。因此，電極的構造將會形成一個由氣體的氫或氧分子、固體的觸媒表面、與液體的電解質，這三者構成的**三相界面**。電極的結構可分為擴散層與觸媒層，其中擴散層會用到碳紙或碳布，而觸媒層則是做為鉑觸媒載體的碳粒（carbon particle）、離子導電體的電解質、以及撥水材構成的複合結構。

撥水材的使用目的，是為避免水滲入到氣體通道，讓氣體通道受到阻塞。而為盡可能地增加觸媒與氣體分子接觸的表面積，鉑以及其載體的碳粒，體積是越細小就越理想，因此會製成直徑約只有數十nm（奈米）程度的極微小形狀。

- 一般會使用鉑做為電極觸媒、釕做為對抗一氧化碳的對策
- 鉑電極與其載體的碳粒，會製成奈米等級的微小形狀

圖1 三相界面的示意圖

燃料電池的發電反應，是在氣體通道、電子通道、
以及離子通道的交接點上發生的

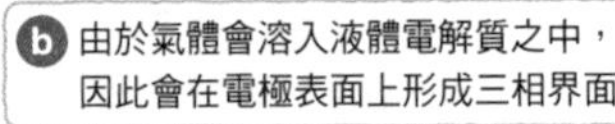

a 嚴密的三相界面上，並不具有能形成分界線的面積

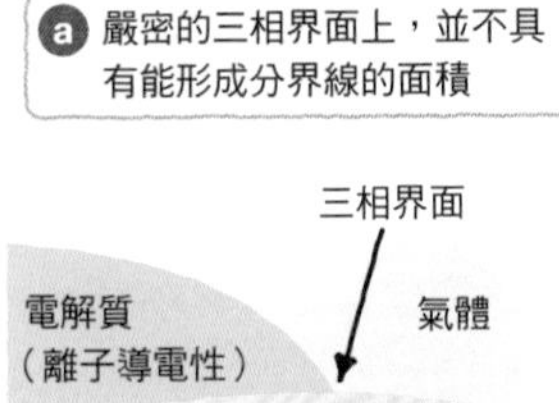

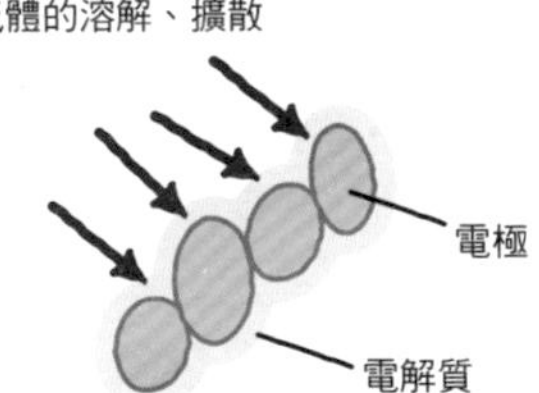

圖2 固態高分子膜燃料電池空氣電極（陰極）端上的三相界面

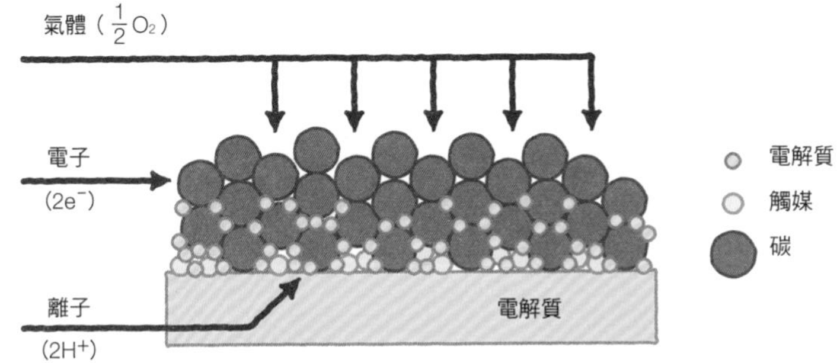

就算是固態電解質，反應也一樣是在氣體、離子、電子的通道交接點上發生的

011 單電池的電壓僅有1V左右，透過電池堆結構達到高電壓的輸出

在（005）的篇幅中，已經針對燃料電池的基本發電單位——單電池的運作與構造進行了一番解說。由於單電池的電壓低於1V（伏特），因此在實際做為發電機使用時，必須得將許多單電池堆疊起來，串聯各個單電池的電力才行。而這種將許多單電池堆疊或連接起來，以達到實用化的發電組件，就叫做**電池堆**、或是稱為**電池組**。

電池堆的結構，雖然會根據等下敘述到的燃料電池的種類而有所差異，但大致上可分為**平板型**與**圓筒型**兩種。現在，正作為家庭用燃料電池開始普及的固態高分子膜燃料電池雖是平板型，但期盼成為次世代家庭用燃料電池的高溫操作**固態氧化物燃料電池**，卻通常是採用圓筒型。

在平板型結構中，若單電池本身的厚度就只有數mm（公釐），那不論是水平方向還是垂直方向，都能夠堆疊起數百片的單電池。單電池會用分隔板做為邊界，而分隔板的兩側則是會刻上溝槽。接著，做為燃料的氫氣與含氧空氣，就會沿著這個溝槽導入單電池，分別供給到各自的電極面上。因此，就構圖上來說，倘若分隔板的表面流進了氫、那麼朝向鄰近單電池的內側就會流進空氣。

燃料電池在發電時也會同時發熱。而為避免電池堆的溫度因此提升，就必須對電池堆進行冷卻。此外，藉由冷卻水取出的熱能，則是會利用在熱水供給、暖氣等方面上。電池堆的冷卻方式，有藉由對流的空冷方式、以及使用冷媒的方式，但一般還是會採用每隔數片單電池就插入一片冷卻板的處理方式。

●由於單電池的電壓低，因此實用時的單位會是單電池集結而成的電池堆
●電池堆的結構，大致上可分為平板型與圓筒型

圖1 單電池的構成要素

圖2 電池堆的概念

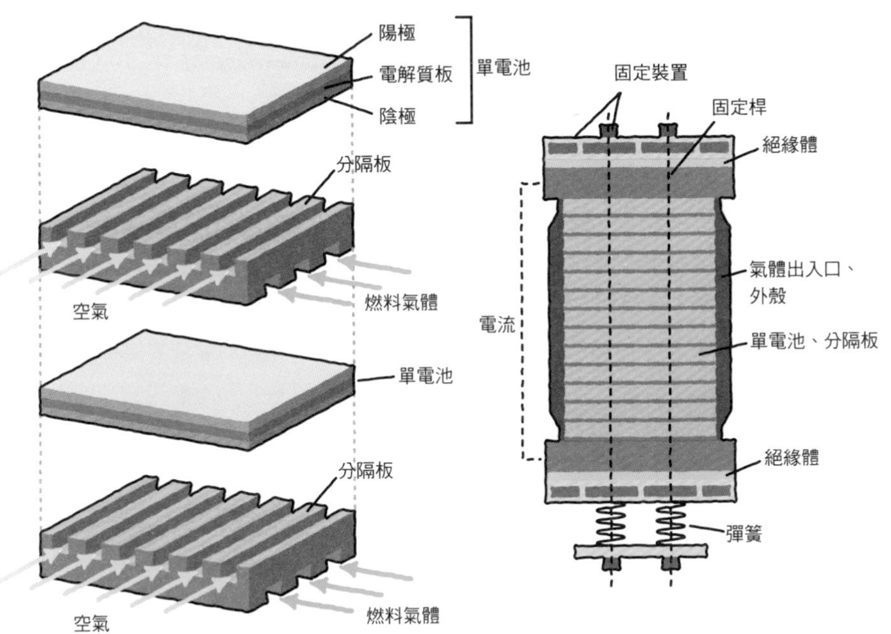

圖中所記載的電池堆叫做**外歧管型**，在長方型電池堆結構的四個側面上，有著讓燃料氣體以及空氣進出入的歧管。至於內歧管型的固態高分子膜燃料電池的單電池結構，請參照（051）

用語解說

電池堆的概念 → 單電池是由陽電極、電解質板、以及陰電極這三種要素構成的，而將這種單電池與分隔板交錯堆疊成一體的裝置，就叫做電池堆。電池堆會將各個單電池串聯起來，讓電壓成為單電池電壓的堆疊倍數，且在各個單電池上流通相同的電流。

012 在構成燃料電池的系統上，必須要用到數個組件

燃料電池並不是只要有了電池堆就可以使用，在實際運用時，還必須要結合數個組件組成一個系統才行。主要的組件有：燃料處理裝置、發電電池堆、變頻器、廢熱回收裝置、以及測量控制裝置。

燃料處理裝置不僅能處理都市煤氣（主成分為天然氣）、液化石油氣、煤油、甲醇等化石燃料，就連食物廢棄物或污水淤泥藉由沼氣發酵產生的甲烷（成分與天然氣相同）等等，也都能轉換成富氫的燃料氣體。因此，這是個僅次於電池堆，構成燃料電池心臟部位的重要組件。而燃料電池系統也拜這個燃料處理裝置所賜，所能使用的燃料範圍非常地廣泛。關於此裝置的運作與反應，會在之後進行詳細說明。

關於發電電池堆的介紹，請參照（011）。變頻器是種能將直流電轉換成交流電的電子機械，是為將燃料電池輸出的直流電，轉換成家庭或辦公室電器使用的交流電時，不可或缺的組件。此外，家庭用燃料電池還會採用與交流電力系統並聯的方式。如此一來，燃料電池就不是配合家庭的電力消費運作，而是在考慮到熱能利用的情況下以獨立的模式運作，當出現電力不足的部分時，再透過電力系統補足。

廢熱回收裝置是為將燃料電池排出的廢熱，透過熱交換器回收、儲存，並針對需求分配到必要位置上的裝置。就家庭用系統的情況下，會在熱水箱中儲備60℃左右的溫水，配合需求予以供給。然後，測量控制裝置的職責，則是負責監視並控制整體系統的燃料、空氣、水、熱、以及電能的流向。

● 燃料電池系統是由燃料處理裝置、發電電池堆、變頻器、廢熱回收裝置、以及測量控制裝置構成的

圖1 家庭用汽電共生系統的基本構成

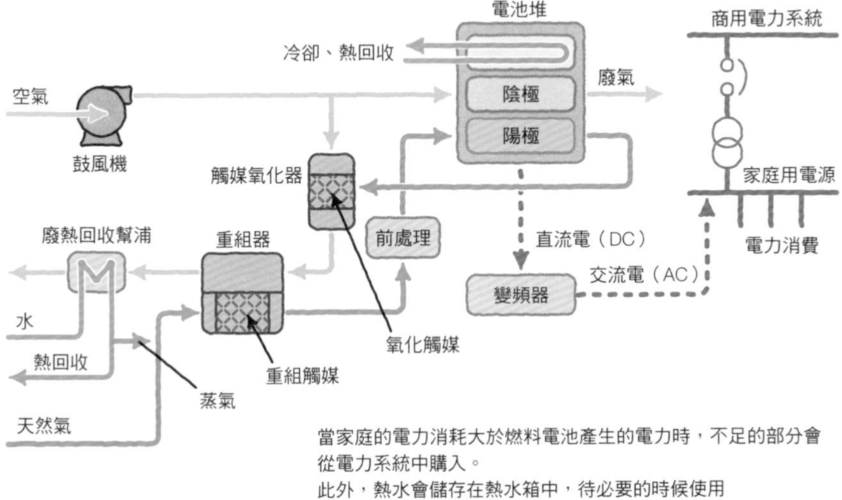

當家庭的電力消耗大於燃料電池產生的電力時，不足的部分會從電力系統中購入。
此外，熱水會儲存在熱水箱中，待必要的時候使用

圖2 燃料處理裝置與觸媒

由於燃料處理裝置中，有許多像是重組反應、轉化反應這種需使用觸媒的反應，在此就針對觸媒的概念進行描述。重組反應是種吸熱反應，會在700℃左右的溫度下進行，因此需要從外部吸收熱能，倘若單純只混合甲烷與水蒸氣，溫度將不足以引發重組反應。然而，當中若是有觸媒存在，那麼就會引發反應。這是由於，甲烷與水蒸氣在吸附在觸媒表面上時，會使反應所需的活化能降低的關係。至於轉化反應則也同樣如此

a 重組反應

水與甲烷的分子會吸附在觸媒表面上，引起改變原子組成的變化。

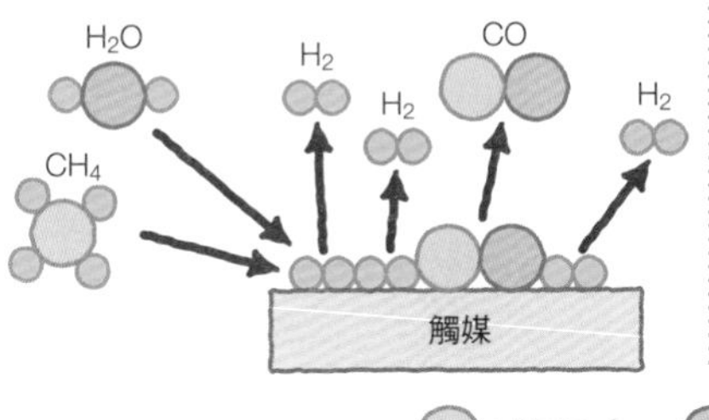

b 轉化反應

一氧化碳與水的分子會吸附在觸媒表面上，引起改變原子組成的變化。

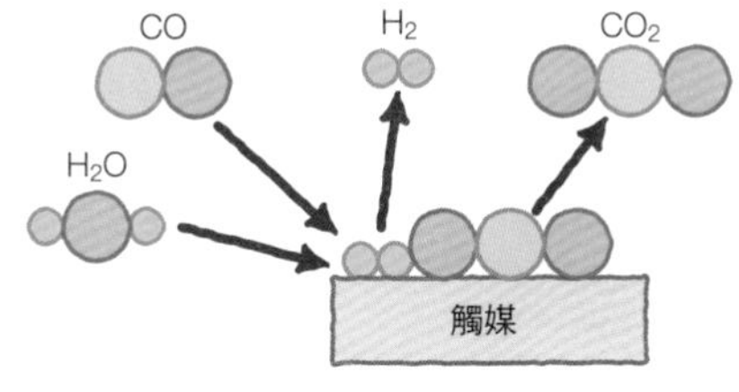

碳原子　氧原子　氫原子

從化石燃料中製造出氫，燃料處理裝置的「重組」程序

就如同（012）所說明過的，燃料處理裝置會從天然氣或液化石油氣等碳氫化合物系的燃料中，製造出燃料電池運作所必要的氫。而在此進行的化學反應，則稱為**重組程序**。重組的方法可分為三種，分別是**蒸汽重組**、**部分氧化重組**、以及結合這兩種方式的**自熱重組**。在這之中，最廣為使用的是蒸氣重組。因為這是能產出最多氫的重組方式。在此，就以用蒸氣重組法從都市煤氣中產氫的技術做為範例，來說明重組反應的流程。

都市煤氣的主成分為天然氣，而天然氣的主成分則是甲烷（CH_4）。甲烷具有一個碳原子與四個氫原子組成的分子結構，被視為是對環境最無害的化石燃料。而都市煤氣的主成分雖然是甲烷，但顧忌到使用安全，會將硫磺成分（有機硫）做為加臭劑添入其中；不過，這對燃料電池來說卻是種不安因素，一旦讓硫磺成分進入電池堆，不僅僅是會降低電極觸媒的效能，還會在空氣中排放出有害的硫氧化物。

因此，會讓都市煤氣通過去硫器來去除硫磺成分。而從去硫器中排出的甲烷，則是會和水蒸氣一同進入蒸氣重組裝置，並在此處經由600℃以上高溫與水蒸氣進行反應，轉換成氫氣與一氧化碳（CO）。氫雖然可直接供給燃料電池使用，但由於一氧化碳對鉑觸媒有害，因此為了要除去這種氣體，會預先進行名為**轉化反應**的程序；然而，這是指比較低溫操作的燃料電池的情況，若是高溫操作的燃料電池，則可連同一氧化碳一起做為燃料運用。至於轉化反應，則是讓一氧化碳與殘留的水蒸氣進行反應，藉此生成氫與二氧化碳的程序。而在經過這一連串的程序後，每1莫耳的甲烷，最後將可產生4莫耳的氫與1莫耳的二氧化碳。

●重組方式分為蒸氣重組、部分氧化重組、以及自熱重組
●氫產量最大的方式是蒸氣重組

圖1 蒸氣重組的氫製造過程

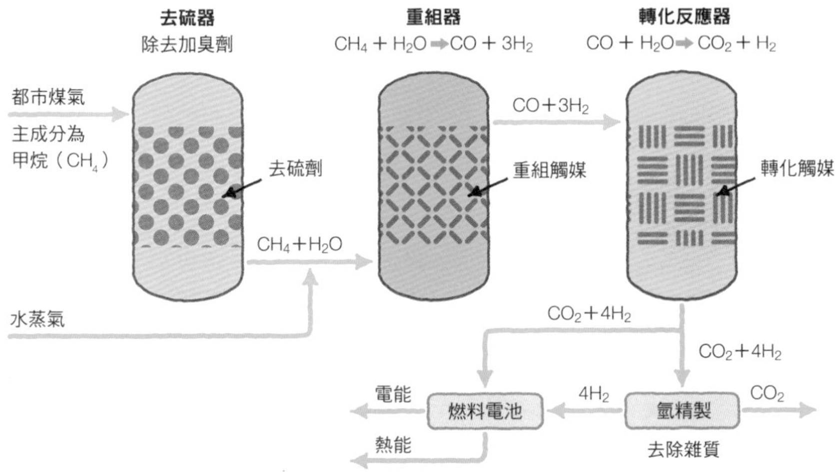

最常用來獲取氫的方法，是使用輕烴的蒸氣重組，而討厭一氧化碳的固態高分子膜型或磷酸型，則會使用轉換反應器將一氧化碳成分轉換成氫。此外，雖然在想使用純氫的情況下會進行氫的精製程序，但有時也會直接供給燃料電池使用

圖2 重組器是？

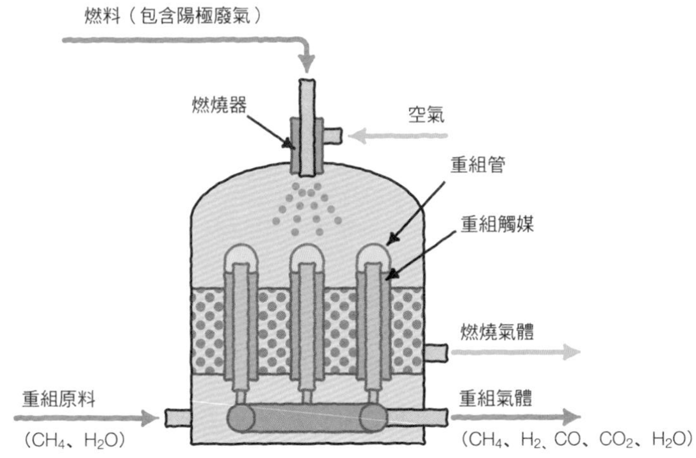

讓甲烷與水蒸氣流入從周遭加熱並裝有觸媒的管中，藉此製造氫的裝置

實證實驗的成果，結出了名為「ENE-FARM」的果實
家庭用燃料電池系統迎來了商用化階段

實施大規模家庭用燃料電池實證實驗的能源基金會（Energy Foundation），在所發行的手冊『家庭的快樂工程』中寫有以下言論：「至今為止，我們的電力和瓦斯都是向電力公司以及瓦斯公司購買。然而家庭用燃料電池系統，則可讓我們能在自家生產每日所需要的電力。而且並非只能用來發電，還能夠同時製造熱水。」再來，關於燃料電池的節能性，則是做了：「一年可節約的初級能源（天然氣或石油等原燃料）量，相當於18個18公升桶裝煤油。」、關於溫室效應氣體的排放減量，則是做了：「相當於2150㎡的森林所能吸收的二氧化碳量」的宣傳。

而能源基金會所實施的大規模實證實驗，是在日本各地的家庭中安裝燃料電池，藉由實際生活使用的電力與熱水的自給自足，評量燃料電池的使用便利性、節能性、環境性、以及經濟性等方面的研究計畫。為此實驗所安裝的燃料電池系統數，在2002年到2007年間有2187台，2008年間則有1,120台，因此總計可達到3,307台。

基於這些開發研究與實證的成果，讓家庭用燃料電池從2009年起開始商品化，並冠上了**ENE-FARM**之名。ENE-FARM是表示Energie（能量）的Ene，與表示農場的farm所結合成的新用語，而其中farm還包含了「為地球帶來許多收穫」的意思。

如今家庭使用的是操作溫度為80℃左右的低溫操作型固態高分子膜燃料電池，但未來將有可能會用操作溫度更為高溫、發電效率也非常高的固態氧化物型做為後繼機使用。

- 家庭用燃料電池的大規模實證實驗始於2002年
- 在此實證實驗中運作的設備，至2008年度為止，已經超過了3000台

圖1 家庭用燃料電池的汽電共生系統的結構

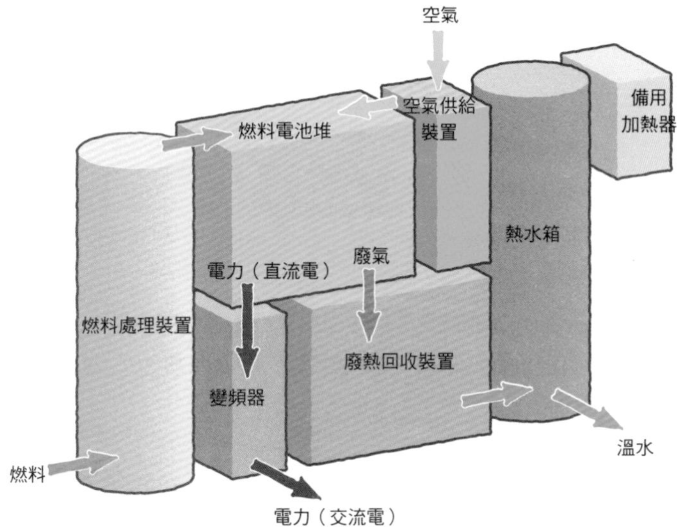

導入家庭用燃料電池的效果（PEFC1kw級）

節能：18公升桶裝煤油×18個／年＝324公升／年
二氧化碳減量：可減少2150㎡的森林二氧化碳吸收量

圖2 家庭用燃料電池「ENE-FARM」

照片提供：東京瓦斯

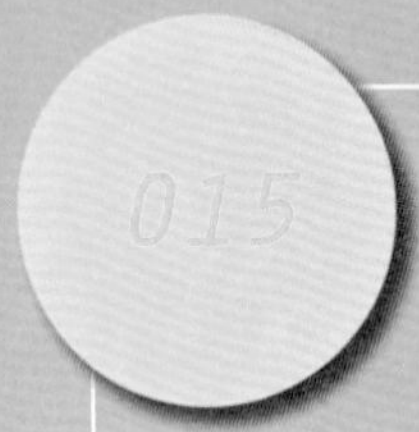

世界最早的燃料電池，是威廉．葛洛夫的水的電解實驗裝置

有關於燃料電池的構想原點，雖然可追溯到19世紀英國的戴維身上，但現在這種利用氫氧做為燃料的燃料電池出發點，則就該追溯到1839年英國的葛洛夫爵士所進行的實證實驗吧。葛洛夫的燃料電池就如圖1所示，是在盛滿稀硫酸水溶液的燒杯中間隔插入兩條鉑絲，並在各個鉑絲（電極）上分別覆蓋一個試管的構造。其中一邊的試管會充滿氫氣，另一邊的試管則是會充滿氧氣。而這些氫氣與氧氣，則是連接外部電源的兩條鉑絲在通電後藉由電解原理製造出來的，因此這個實驗，本身就證明了燃料電池是電解反應的逆反應。

這場著名的公開實驗讓人們認知到實現燃料電池的可能性，但由於當時社會並沒有發展燃料電池的機運，再加上製造鉑絲的加工技術也尚未完備，因此直到1959年英國的培根公開發表功率為5kW的原型機為止，大約一個世紀左右，燃料電池皆沒出現太大的進展。

話說到這，由於培根原型機的成功，也讓燃料電池在宇宙開發的領域中成功擴展出一條活躍道路。1965年美國的人工衛星——**雙子座五號**所搭載的燃料電池，是美國GE（奇異公司）所製造的產品，屬於現在的固態高分子膜型的一種，電解質則是使用碳氫化合物系的離子交換膜。由於太空船會使用到氫與氧做為火箭的推進燃料，而船內除了電力與熱能外，還得要確保充足的飲用水，因此燃料電池可說是最符合太空船需求的發電機了；只不過在這之後，占據宇宙用燃料電池主流位置的，卻非是固態高分子膜型，而是另一種叫做**鹼性型**的燃料電池。

- 1839年，葛洛夫舉行了燃料電池的公開實驗
- 1959年，培根發表原型機

圖1 葛洛夫的燃料電池實驗

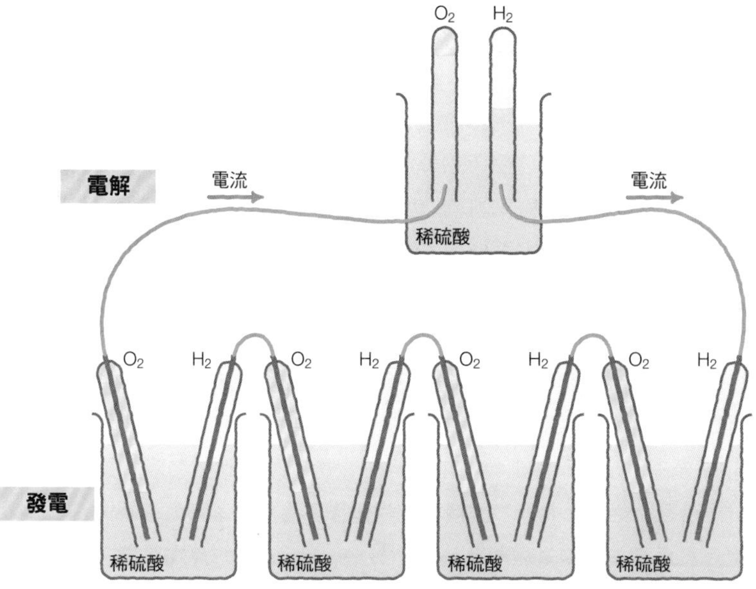

表1 燃料電池的開端

1839年	英國葛洛夫爵士證實了燃料電池的原理
1959年	英國培根製造了功率5kW的鹼性燃料電池原型機
1965年	雙子座五號搭載了美國GE公司的固態高分子膜燃料電池（此後，宇宙用燃料電池改用鹼性型）。

用語解說

鹼性燃料電池 → 鹼性燃料電池（AFC）雖然操作溫度為60～90℃這種低溫，但發電效率卻也高達50～60%，並算是比較便宜的機種，不過卻有著當燃料氣體或氧化劑氣體中含有二氧化碳時，會導致電解質產生劣化的一大缺點。因此，現在就只會做為宇宙用機使用。詳細請參照（018）

016 以在地面上使用為目標，燃料電池的開發軌跡

太空船雙子座五號搭載的燃料電池，除了因大量使用鉑而造價昂貴外，耐久性也不高，因此接下來太空船使用的燃料電池，就一直改用鹼性型了。至於在（015）篇幅中敘述的培根原型機，也是使用氫氧化鉀水溶液做為電解質的鹼性型。像這樣伴隨宇宙開發發展開來的燃料電池，在這之後，為了追求在地面上的實用化，歐美日各國皆熱中投入開發活動。日本的記錄表示，是在 1950 年代，由大學、國立研究所、以及主要的電機公司開始推動研究的。

至於大型的研究計畫，則有 1967 年美國天然氣公司開始的 **TARGET 計畫**。此計畫是繼承美國天然氣研究所（GRI）於 1976 年至 1987 年間的研究計畫，使用 46 座功率為 40kW 的**磷酸燃料電池**進行的實證試驗。其中有兩座是設在日本，分別由東京瓦斯與大阪瓦斯參與這場實證運作。而由日本獨力進行的正式開發研究，則有舊通產省（現為經濟產業省）於 1981 年開始的**月光計畫**。此計畫是針對鹼性型、磷酸型、熔融碳酸鹽型、以及固態氧化物型這四種燃料電池進行研究開發，其中特別是以功率達 1000kW 的磷酸燃料電池的建設與運作實驗，深受眾人注目。

在進入 1990 年代後，加拿大的巴拉特公司採用陶氏化學集團製造的氟系高分子膜（商品名為 Nafion），開發了固態高分子膜燃料電池。這種燃料電池在能夠減少鉑觸媒用量的技術開發成果貢獻下，成為價格較為低廉、性能強大、可低溫操作的精簡型燃料電池，並因此獲得高度評價。此外，包含汽車用燃料電池在內，世人對這種燃料電池的實用化也帶有相當高的期許。

●最早進行實證研究的是美國天然氣公司的磷酸燃料電池試驗
●使用氟系高分子膜的固態高分子膜燃料電池獲得高度的評價

圖1 燃料電池的開發歷史

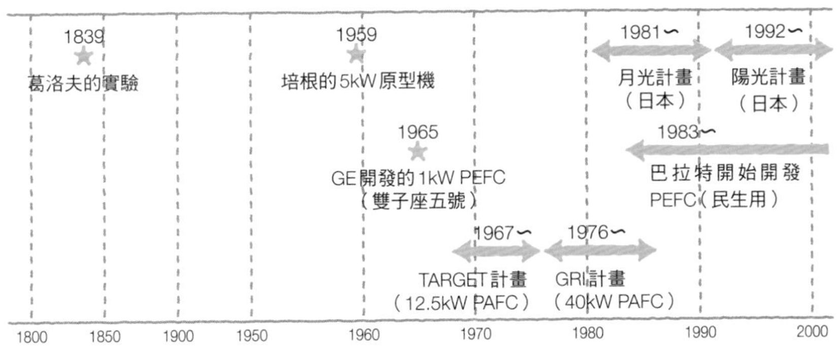

距葛洛夫實驗的120年後，培根才製造了5kW的燃料電池原型機，而在這之後又過了50年，直到現在這才總算來到了商用化初期的階段

圖2 日本的國家計畫

研究開發項目＼年度（81 82 83 84 85 86 87 88 89 90 91 92 93 94 95 96 97 98 99 00 01 02 03年以後）	
鹼性電解質型	基礎技術 數kW級
磷酸型	基礎技術 200kW、1000kW級發電系統
熔融碳酸鹽型	基礎技術 10kW級／基礎技術 100kW／1000kW級發電系統／實用技術開發
固態氧化物型	基礎技術／基礎技術 1kW／基礎技術 數kW級／發電系統
固態高分子膜型	1kW級／數十kW級發電系統

日本也進行了許多研究開發，並形成了現今的技術基礎

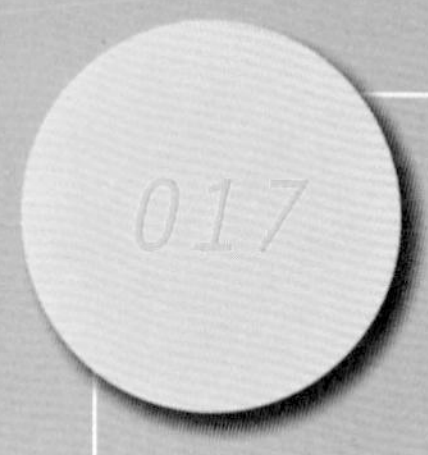

燃料電池會根據使用的電解質來做區分

本書至今已經出現了許多不同名稱的燃料電池。那麼，總共到底有多少種燃料電池，而這些燃料電池又是基於怎樣的特徵分類的啊？

目前已經實用化、並正熱中進行開發活動的燃料電池，主要可以分為六種。這些分別是**磷酸型**、**固態高分子膜型**、**鹼性型**、**熔融碳酸鹽型**、**固態氧化物型**、以及**直接甲醇燃料電池**（以下用甲醇燃料電池表示）。至於這些名字，則是基於該燃料電池使用的電解質種類。

鹼性型的電解質是用氫氧化鉀水溶液或氫氧化鈉水溶液這種鹼性水溶液，磷酸型的電解質則是磷酸水溶液。固態高分子膜型是用高分子膜，此外熔融碳酸鹽型則是使用碳酸鋰、碳酸鉀、碳酸鈉這種混合鹽類。至於固體氧化物型，儘管一如其名是採用固體氧化物，但若要換個比較耳熟能詳的名字，那麼就該稱之為**陶瓷型**。這種燃料電池，不僅是電解質，就連電極材料也都是使用陶瓷。陶瓷材料由於耐熱性強，因此適用於操作溫度極高的燃料電池。而事實上，這種燃料電池當初就是以1000℃操作溫度為前提設計出來的。

甲醇燃料電池的名稱由來則比較不同，帶有這並非是用重組反應將甲醇轉換成氫氣使用，而是直接將甲醇導入單電池的燃料電極（陽極）引起反應的意思。

由於電解質是離子的通道，要是電解質不同，也就是說通過此處的離子種類也會有所不同，那麼將離子轉換成燃料氣體或電子的電極反應，也理所當然地會產生差異吧。

●目前進行開發的燃料電池主要有六種
●根據電解質種類的不同，可對燃料電池進行分類

圖1 各種燃料電池的比較

	低溫型				高溫型	
	磷酸型	固體高分子膜型	鹼性型	直接甲醇型	熔融碳酸鹽型	固體氧化物型
電解質	磷酸水溶液（H_3PO_4）	高分子膜	鹼性水溶液（KOH）	高分子膜	熔融碳酸鹽（Li_2CO_3、K_2CO_3、Na_2CO_3等）	釔安定化氧化鋯（ZrO_2＋Y_2O_3）
離子	H^+	H^+	OH^-	H^+	CO_3^{2-}	O^{2-}
操作溫度	約200℃	70～90℃	60～90℃	70～90℃	600～700℃	700～1,000℃
燃料	重組氣體（H_2）	重組氣體（H_2）	氫	甲醇	重組氣體、氣化氣體（H_2、CO）	重組氣體、氣化氣體（H_2、CO）
原燃料	天然氣、LPG、甲醇、輕油、煤油	天然氣、LPG、甲醇、輕油、煤油	氫	甲醇	天然氣、LPG、甲醇、輕油、煤油、煤氣化氣體	天然氣、LPG、甲醇、輕油、煤油、煤氣化氣體
重組方式	外部	外部	不要	不要	外部／內部	外部／內部
氧化劑	空氣	空氣	氧	空氣	空氣／二氧化碳	空氣
發電效率	35～45%	30～40%	50～60%	30～40%	45～60%	50～65%
用途	工業用	行動設備用、家庭用、工業用、汽車用	宇宙用	行動設備	工業用、產業用、發電用	家庭用、工業用

電解質的種類會成為燃料電池的基礎，也就是說在不斷追求更優秀電解質的結果下，能達到實用階段的電解質就僅此這些。假若電解質改變，那麼操作溫度、材料、燃料氣體、氧化劑氣體、以及廢熱利用系統等各個方面也都將隨之改變，甚至可認為是種完全不同的發電裝置。話說回來，燃料電池本來就是以所使用的電解質做為出發點的

高功率並且便宜的鹼性燃料電池，會用在宇宙開發或人工衛星上

鹼性型是使用濃度30～40%的氫氧化鉀水溶液（KOH）做為電解質的類型，可在60～90℃的溫度範圍下操作。雖然使用氫燃料這點和磷酸型與固體高分子膜型相同，但電極反應與電解質流動的離子種類卻是完全不同。

氫氧離子（OH^-）會在電解質中，從氧電極端（陰極）流向燃料電極端（陽極），並在燃料電極端與氫結合，釋放出水和電子。而氫氧離子的流向之所以會和氫離子（H^+）相反，是因為相對於正電荷的氫離子，氫氧離子帶有負電荷的關係。至於電子則是會經由外電路，從燃料電極端流向氧電極端。另一方面，在氧電極端上，外部供給的氧會與經外電路抵達的電子、以及電解質中的水，反應生成氫氧離子。

相較於磷酸型與固體高分子膜型，鹼性型的最大特徵就在於，儘管是低溫操作的機種，卻不需要使用昂貴的貴金屬鉑做為電極觸媒、就算需要，用量也不多的這點。此外，不僅可產生實質的高電壓、還能提高電流密度，並且效率極高這兩點，也讓鹼性型洋溢著相當大的魅力。

但決定性的問題點就在於當二氧化碳（CO_2）進入電解質時，會和電解液中的氫氧化鉀反應生成碳酸鹽結晶，析出在電極表面上阻礙電極反應。因此，鹼性型不僅要避免燃料中含有二氧化碳，還得要阻止空氣中的二氧化碳侵入燃料電池內部。而鹼性燃料電池會專門用在太空船上，就是因為宇宙中沒有二氧化碳，外加上太空船會使用氫與氧做為火箭推進燃料的關係。至於嘗試在地面上達到實用化的鹼性型，則可舉出聯氨燃料電池（參照027）做為例子。

●在鹼性型中，負離子會從氧電極端流向燃料電極端
●由於鹼性型不耐二氧化碳，因此沒有在地面上使用

圖1 鹼性燃料電池的發電反應原理

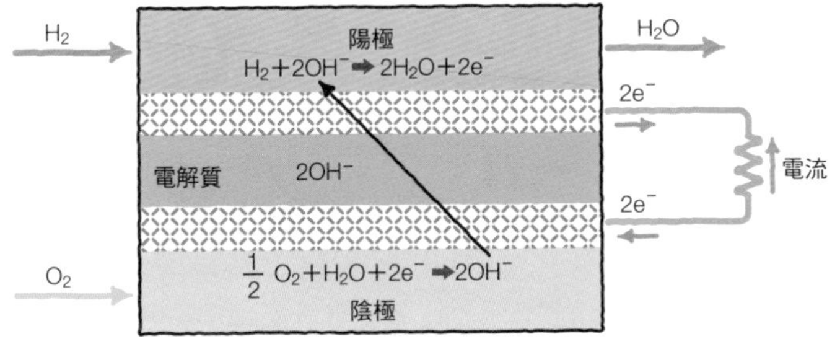

表1 宇宙用燃料電池的比較

	雙子座太空船	阿波羅太空船	太空梭
型式	固態高分子膜型	鹼性型	鹼性型
搭載台數	2台	3台	3台
功率（每台）	1kW級	1kW級	10kW級
電壓	23～26V	27～31V	27～32V
質量（每台）	約31kg	約110kg	約127kg
概略尺寸（每台）	約33cmΦ×66cmL	57cmΦ×112cmH	38cmW×114cmL×36cmH
操作溫度	22～50℃	250℃的程度	80～100℃
操作壓力	1～2大氣壓	3～4大氣壓	～4大氣壓

宇宙是可使用趨近於純氫或純氧氣體的特殊環境

圖2 太空梭用的燃料電池示意圖

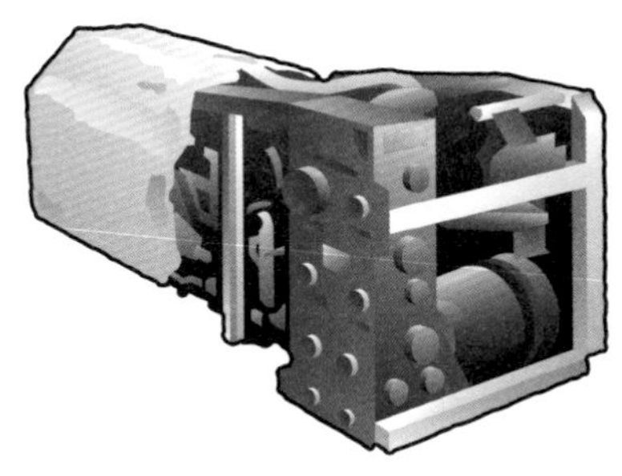

磷酸燃料電池會使用在中容量的汽電共生裝置上

磷酸燃料電池會包含燃料處理裝置導入的重組氣體在內，供給燃料電極（陽極）氫氣，並在此處將氫分子分解成氫離子與電子。兩者之中的電子會流入外電路、氫離子會擴散到電解質中，分別經由不同的管道抵達空氣電極（陰極）。而在空氣電極端，外部供給的空氣（O_2）則是會與氫離子或電子化合生成水，並藉此對外電路供給電子。

電解質會使用磷酸水溶液。磷酸雖然是種會用在肥料或藥劑中的通常物質，但由於會在磷酸燃料電池的操作溫度200℃下成為液體，因此會讓磷酸液體滲入名為**母體**的多孔板中做保存。母體是藉由鐵氟隆之類的黏結劑，將碳化矽粉末固定成板狀，並加工製成厚度約為0.05㎜程度的薄板。

電極為讓燃料氣體與空氣能輕易通過，會形成將鉑觸媒分佈在多孔碳紙上的結構。燃料電池會伴隨著發電動作同時產生熱能，因此為讓磷酸型的操作溫度能保持在200℃上，就必須得要進行冷卻。而為避免漏電事故，冷卻水會採用導電率低的純水；至於備有流通冷卻水細管的冷卻板，則是會每隔五到十枚單電池插入一片。

一個單電池的邊長約為數10㎝到1m不等，厚度卻約只有數㎜薄，而具有實用規模的發電單位——電池堆，則是會由大量單電池以水平或垂直方向堆疊組成。單電池與單電池之間會插入儲液槽與分隔板。分隔板的功能已在前面的篇幅中講解過了。至於儲液槽，則是種藉由多孔性的碳，將磷酸保存在此的裝置。每當磷酸伴隨著反應過程消耗、使單電池內的磷酸不足時，儲液槽就會藉由毛細作用供應磷酸給單電池。

●磷酸水溶液會保存在母體中
●電極是分佈有鉑觸媒的多孔碳紙

圖1 磷酸燃料電池的發電反應原理

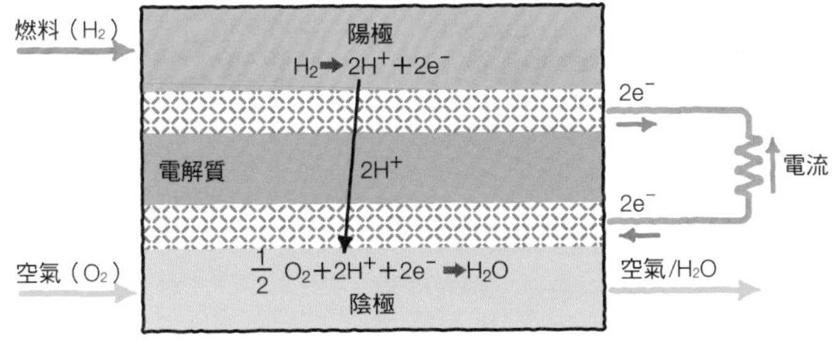

圖2 磷酸燃料電池的單電池主要結構

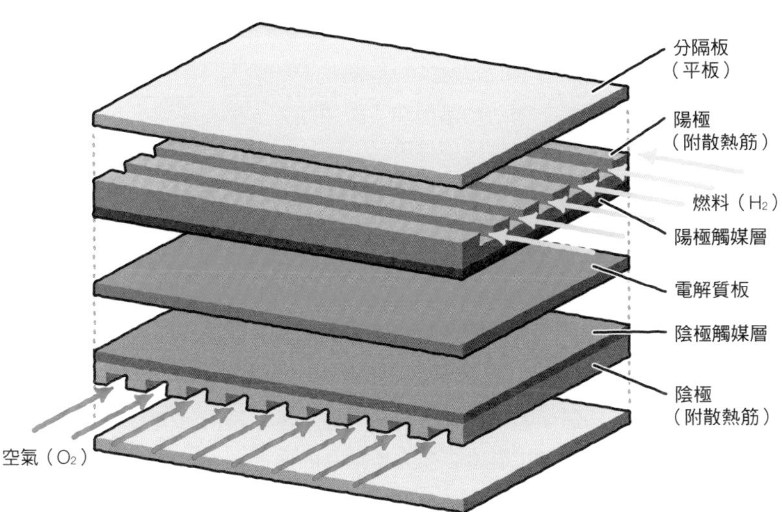

020 低溫型與高溫型的燃料電池，各有各不同的特性

在（018）與（019）的篇幅中，已經針對鹼性型與磷酸型的技術差異，多少解說了些重點，現在就讓我們針對一般的特性好好思考一番吧！鹼性型與磷酸型、以及接下來會進行解說的固體高分子膜型等等，這些燃料電池由於是在較低的溫度下操作，因此被稱為**低溫型燃料電池**。

相對於此，叫做熔融碳酸鹽型或固體氧化物型的類型，則由於是在600℃～1,000℃的高溫領域下操作，因此被分類為**高溫型燃料電池**。高溫型的操作溫度高，因此單電池、電池堆、以及構成整體系統的材料或構造，都十分要求耐熱性，不過由於化學反應一般會隨著溫度升高而加速，分子與離子的運動也會越發活躍，因此燃料電池也會顯示出性能跟著提升，效率也隨之增加的傾向。（低溫型與高溫型的差異，請參照017）

而兩者之間最大的不同，就是低溫型除了鹼性型外，都需使用昂貴的鉑做為電極觸媒，然而高溫型就只需使用鎳這種垂手可得的金屬，就可獲得充分的性能。只不過，鹼性型卻有著無法在二氧化碳環境下使用的問題點在。而高溫型另一個大特徵，就是電池堆會排放出高溫廢熱。只要將這股廢熱納入系統之中，即可大幅度提升燃料電池的整體性能。

舉例來說，既然燃料處理裝置的重組反應是在600℃以上的高溫下進行的，那麼高溫型就可將這股廢熱做為重組反應的熱源利用，藉此提高系統的效能。再者，若將這股高溫廢熱供給氣輪機或蒸汽渦輪機之類的其他熱機發電，並再與燃料電池的相互配合之下，即可構成一個效率極高的發電系統；只不過，高溫型的裝置體積若不夠大，就會使得熱能損耗增加，因此一般認為，高溫型比較適合用在大容量的發電裝置上。

●高溫型會使用鎳這種便宜金屬做為電極觸媒
●高溫型由於操作溫度高，因此廢熱的利用價值也高

圖1 發電設備的規模與效率的關係

參考資料：『圖解　燃料電池的一切』本間琢也 監修（工業調查會）

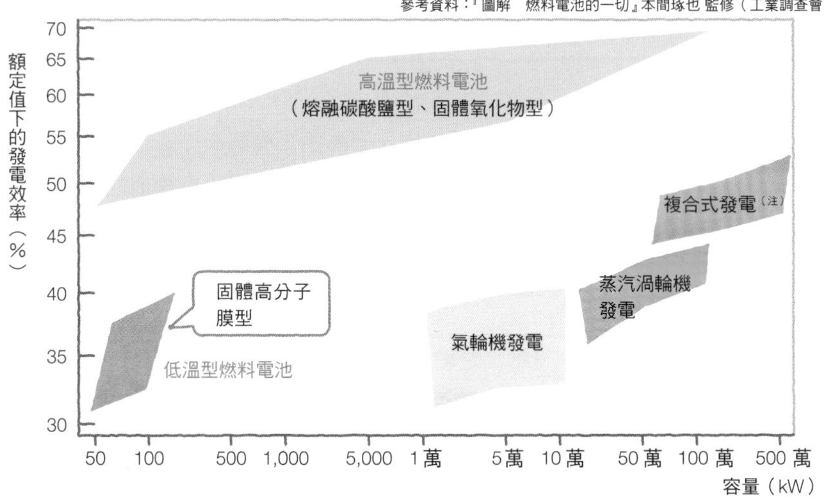

註：複合式發電是氣輪機＋蒸汽渦輪機構成的發電方式

低溫型燃料電池的優點就在於，就算規模小，也能具備足以匹敵大型發電設備的效率；而高溫型燃料電池的效率則是比其他的大型發電設備還要高

021 熔融碳酸鹽燃料電池的運作原理與特徵

熔融碳酸鹽型的電解質會使用碳酸鋰、碳酸鈉、碳酸鉀等混合鹼性碳酸鹽的熔融狀態，而這種物質就叫做**熔融碳酸鹽**。熔融碳酸鹽燃料電池的操作溫度是600℃～700℃，由於熔融碳酸鹽會在此溫度下成為液體，因此會和磷酸型一樣使用多孔母體進行保存。

通過電解質的離子為碳酸離子（CO_3^{2-}）。這是種帶有負電荷的2價離子，因此和鹼性型相同，是從空氣電極（陰極）往燃料電極（陽極）方向移動。而這個碳酸離子，是在空氣電極端，由外部供給的氧（空氣）、二氧化碳、以及外電路供給的電子所結合而成的。此款燃料電池，與至今介紹過的類型不同的最大特徵之一，就是必須要供給二氧化碳給空氣電極這點。

另一方面，燃料電極端則是除了氫之外，還可利用一氧化碳（CO）來做為燃料。而這也是在低溫型上看不到的一大特徵。一氧化碳氣體雖然在低溫型燃料電池上會造成損害，但在這裡，卻可充分擔任起燃料的職責。

燃料電極端的反應就如以下所述。當燃料為氫時，渡過電解質而來的碳酸離子會與氫反應生成水蒸氣與二氧化碳氣體，並朝外電路釋放出電子；當燃料為一氧化碳時，一氧化碳會與碳酸離子反應轉變成二氧化碳氣體。但不論燃料為何，燃料電極端都會產生二氧化碳氣體，並經由外部設置的氣管回饋給空氣電極，做為空氣電極的功率輸入。此外，此款燃料電極的重組反應可在電池堆的內部進行，而這種方式就叫做**內部重組方式**。

- 熔融碳酸鹽型的碳酸離子，是從空氣電極往燃料電極的方向移動
- 燃料電極除了氫之外，還可使用一氧化碳（CO）做為燃料

圖1 熔融碳酸鹽燃料電池的發電反應原理

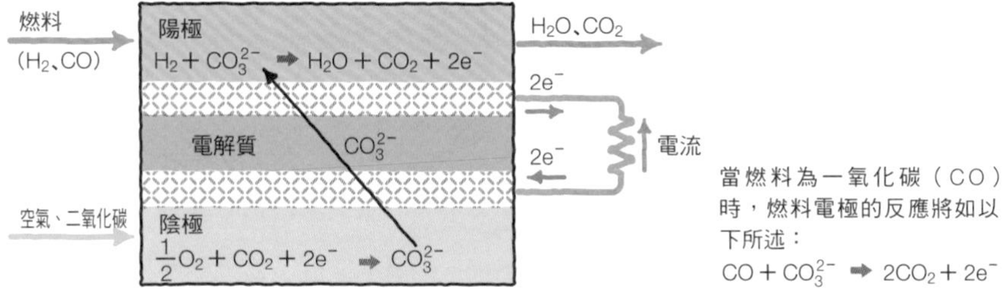

當燃料為一氧化碳（CO）時，燃料電極的反應將如以下所述：

$CO + CO_3^{2-} \rightarrow 2CO_2 + 2e^-$

圖2 內部重組的概念

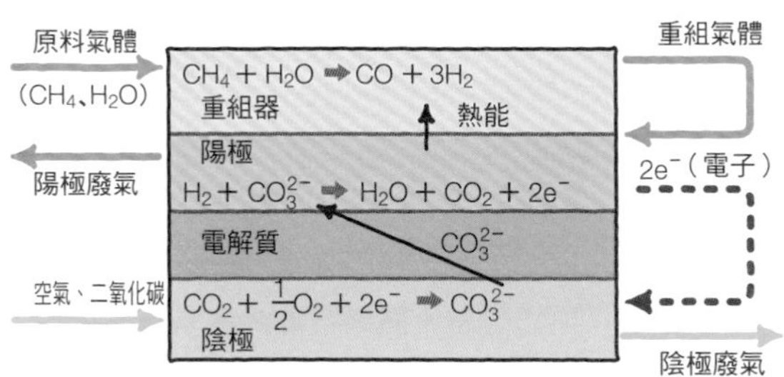

內部重組器為平板狀，以每數個單電池插入一個的比率，組裝在電池堆中。當單電池進行發電反應時，熱能會與電能同時產生，因此可利用這股熱能進行重組反應，並供給燃料電極（陽極）重組氣體

圖3 熔融碳酸鹽燃料電池的特徵

特徵	說明
發電效率高	操作溫度高達600℃～700℃，讓廢熱也能夠有效利用，發電效率高達45～60%
可使用各式各樣的燃料	由於可使用一氧化碳做為燃料，因此除了天然氣之外，還可使用煤炭或廢棄物的氣體化氣體
適用於大型發電設備	由於單電池的功率大，製造大功率的電池堆也十分容易，因此也可做為大型發電設備使用
適合降低成本	單電池是用不鏽鋼之類的通用材料構成，因此可伴隨著大型化，一同達到低成本化
環境特性優秀	這雖是燃料電池的共同特徵，但排放的氣體環保，噪音也很低
適合回收二氧化碳	熔融碳酸鹽型可讓二氧化碳經由電解質板，從空氣電極端穿透燃料電極端，並藉此加以濃縮

固體氧化物燃料電池是由陶瓷結構製成的

固體氧化物燃料電池的操作溫度，當初是設定在1,000℃這種極高溫溫度之下，並以此為前提進行開發研究。由於溫度極高，不可能使用金屬製造，因此整體結構全都是用陶瓷（金屬氧化物）所構成。而具體來說，做為電解質使用的是氧化鋯，這是種叫做**二氧化鋯**的材料。此材料的歷史悠久，早在1937年，德國的鮑爾與葡來司利用二氧化鋯85%與氧化釔15%製成的電解質，就可被視為是固體氧化物燃料電池的起點。這種材料由於是種藉由氧化釔達安定化的二氧化鋯，因此就取英文字母的開頭，簡單表記為**YSZ**。

固體氧化物燃料電池不僅是電解質，就連電極以及連接電池堆的**連結板**（擔任著其他電池中的分隔板功能），一切組件都必須要用陶瓷製成。此外，由於各個組件的功能不同，因此材質也會有所差異。而將不同材質的陶瓷材料組裝成一個結構體，則是種相當困難的技術。況且為了防止燃料氣體或空氣外洩，還必須製成能保有氣密性的結構才行。

那麼，陶瓷的結構體是為什麼很困難呢？這是因為，這種結構體中並沒有像是液體或高分子膜之類的柔軟部分，使材料無法擺脫熱膨脹所施加的力（叫做熱應力），令陶瓷容易產生碎裂。若是一般的金屬，則會在溫度上升時膨脹，藉此擺脫施加而來的變形力道；當溫度下降、施力消失時，則就會恢復原型。這種性質就叫做彈性，在無法恢復原型時，就叫做塑性。然而，陶瓷並不具有這種彈性或塑性。

- 固體氧化物燃料電池的操作溫度是從1,000℃開始起跳
- 陶瓷不具有彈性或塑性，難以避免熱應力導致的碎裂

圖1 釔穩定氧化鋯

參考資料：『燃料電池的一切』池田宏之助 編著（日本實業出版社）

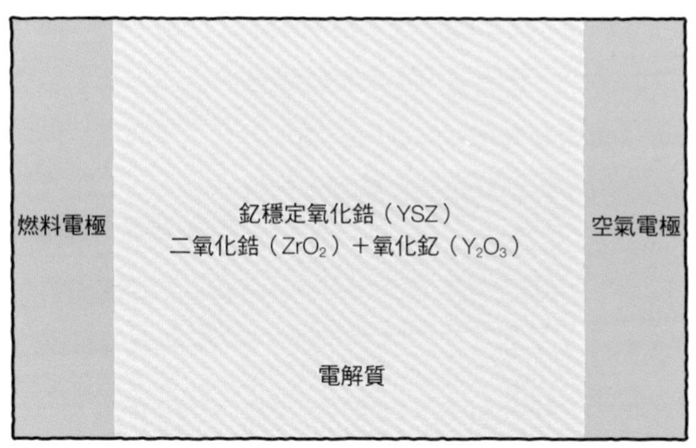

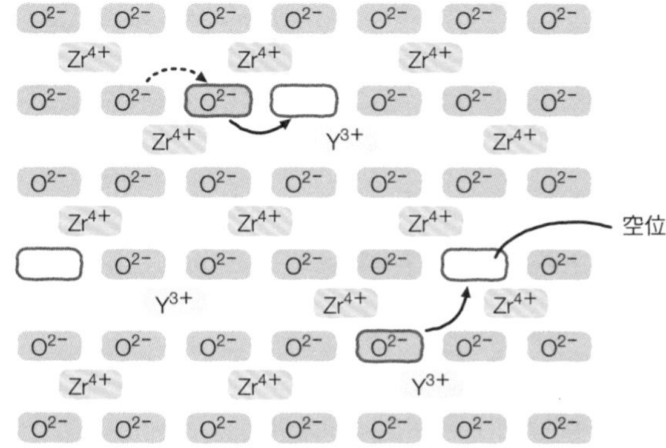

二氧化鋯是氧化鋯與氧離子依一定間隔排列形成的物質，當一部分的4價氧化鋯被置換成3價氧化釔時，基於電性平衡，氧化釔離子會與氧離子以2：1的比例形成空位，而這種空位將會使氧離子產生移位

用語解說

YSZ → Yttria Stabillzed Zirconia縮寫。關於固體氧化物燃料電池的主要材料，請參照（024）

固體氧化物燃料電池，天然氣也可做為燃料直接導入

在（022）的篇幅中，已闡述過了陶瓷結構體的難處，而為了克服這些困難，至今為止已提出了各式各樣諸如圓筒型的結構。在講解這些技術之前，為能讓各位理解固體氧化物燃料電池的概念，就先在此說明一下它的發電動作吧。

不論電池的構造、類型為何，基本上都是依照燃料電極（陽極）、電解質、以及空氣電極（陰極）的順序組合而成。只不過固體氧化物燃料電池不需要在外部裝設燃料重組裝置，而至於可使用一氧化碳（CO）做為燃料這點，則是和溶融碳酸鹽型相同。雖然同樣屬於高溫型，但固體氧化物型與溶融碳酸鹽型之間卻有一個極大的差異，那就是固體氧化物型不需要導入二氧化碳。

固體氧化物型在電解質中移動的是氧離子（O^{2-}），這是種帶有負電荷的離子（叫做負離子或陰離子），因此移動方向是從空氣電極移動到燃料電極。這種氧離子是投入空氣電極的含氧空氣，在獲得外電路電子後反應產生的。

而在燃料電極端，當燃料為氫時，氫會與氧離子結合生成水；當燃料為一氧化碳時，則是會釋放出二氧化碳。但不論燃料為何，氧離子所保有的電子，都會在燃料電極的電極反應下釋放到外電路中，並在外電路中形成電流。

固體氧化物型的單電池內部溫度非常高，因此可進行各式各樣的化學反應。就連天然氣的主要成分——甲烷，也無需事先進行重組反應，就可直接導入單電池／電池堆中使用。

●固體氧化物型在電解質中移動的是氧離子
●基本上可省略掉外部重組裝置

圖1 固體氧化物燃料電池的發電原理

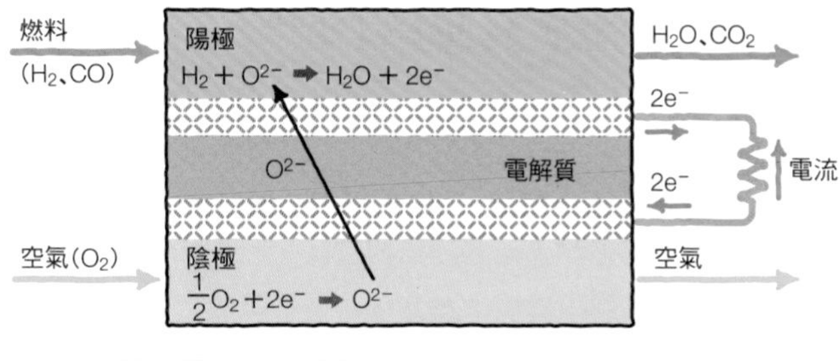

當燃料為一氧化碳時，燃料電極端的反應如下：

$$CO + O^{2-} \rightarrow CO_2 + 2e^-$$

就算用一氧化碳做為燃料，生成物為二氧化碳這點也依舊不會改變，但不論熔融碳酸鹽型、還是固體氧化物型，都不是直接用一氧化碳與碳酸離子、氧離子進行反應，而是藉由轉化反應將一氧化碳轉換成氫，再用氫引起發電反應

圖2 圓筒型固體氧化物燃料電池的概念圖

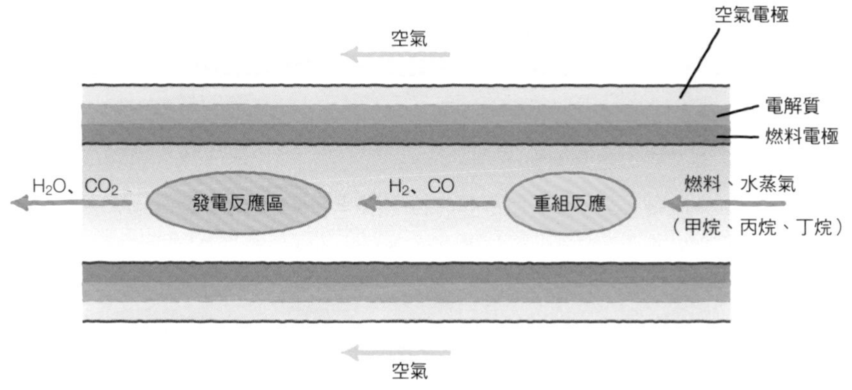

就理想論來說，是有可能在單電池內部完成一切重組反應，但不少系統還是會除了單電池之外，再額外加裝重組器

圓筒形的固體氧化物燃料電池，可保持強度、並難以碎裂

美國西屋電氣公司在進入1960年代後，就正式開始固體氧化物燃料電池的開發計畫，並在歷經許許多多結構形式的錯誤嘗試後，最後尋求到的就是圓筒型。圓筒型具有可保有強度、難以碎裂，以及保持氣密性的這些優點。而以此構想為原動力，固體氧化物燃料電池的技術也有了飛躍性的進展。

圓筒型可分為直紋型與橫紋型。首先，圓筒直紋型就如圖1所示，一根陶瓷管就是一個單電池，並會在軸方向上設置連結板（相當於平板型中的分隔板）。陶瓷管是為直徑22㎜、長度1,500㎜的中空細長管，當中具有空氣電極機能的基本管，是用多孔性質的錳酸鑭所製成。而此基本管的上層（外側方向），會形成氧化鋯系的電解質；在更外層上，則會包覆形成燃料電極的多孔性鎳—氧化鋯層。陶瓷管的內側會流通空氣、外側會流通燃料氣體。至於電極則不論是外側的燃料電極、還是內側的空氣電極，為能讓燃料氣體或空氣滲透、在電極觸媒上產生反應、並將離子與電子分別送往電解質與連結板之中，則都必須採用多孔性質的材料製成。當中鎳以及錳酸鑭系的材料，是負責擔任觸媒的角色。

像這樣製成的大量圓筒型單電池，會依圖2所示的配置裝進電池堆中。而在此情況下，負責連接各個單電池電力的則會是連接板。由於連接板也會承受到高溫、並且得要是電子導電體，因此在材料的選擇上也是個極大難題。到最後，則是決定選用帶有高電子導電性、以及化學安定性的鉻酸鑭作為連接板材料。

●圓筒型的構想讓固體氧化物燃料電池有了飛躍性發展
●圓筒型可分為直紋型與橫紋型

圖1 固體氧化物燃料電池（圓桶直紋型）的單電池結構

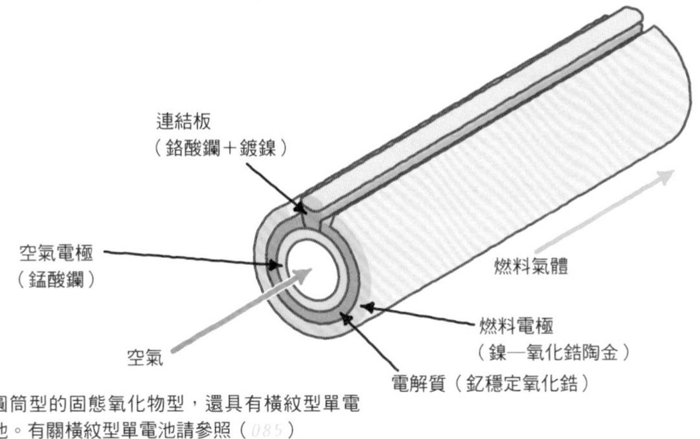

圓筒型的固態氧化物型，還具有橫紋型單電池。有關橫紋型單電池請參照（085）

圖2 固體氧化物燃料電池（圓筒直紋型）的電池堆結構

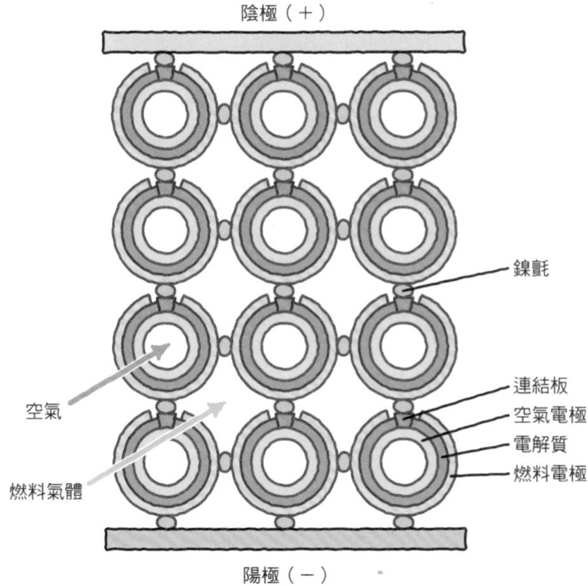

連接板會與燃料電極絕緣，並與空氣電極連接。而連接板設置在圓筒軸垂直方向上的，則為圓筒橫紋型單電池

025 固體高分子膜燃料電池，適當管理水分是很重要的

固體高分子膜燃料電池已經在文中出現過許多次，想必對於它的運作原理，也已經有了大略認知了吧。這裡就將重點放在其他燃料電池所沒有的技術問題上進行考察吧！

固體高分子膜型的顯著優點，就是基於低溫操作，可輕易地啟動、停止，並在短時間內開始運作；基於高輸出密度，可製成輕量化的小型設備這兩點。至於說到缺點，首先第一點，就是必須要將燃料重組裝置內的重組氣體，當中蘊含的一氧化碳（CO）濃度壓抑在極低的程度；第二點，則是當氫離子通過固體高分子膜時會帶著水分子一起移動，此外電解質膜的離子通道也需要靠水分確保的關係，因此必須得要時常補給水分。然而話雖是這麼說，但要是水分補充過多，特別是在空氣電極端的水溢出時，空氣通道就會被水阻塞、進而妨礙電極反應，因此該如何適當地管理水分，將會是個重要的技術課題。為此，就有必須在電池堆上加裝增溼器。

為防止一氧化碳降低電極觸媒的性能，方法之一就是使用鉑族元素的釕，與鉑一起做為電極觸媒。通常會有一氧化碳侵入的燃料電極，就會使用到這種鉑釕合金。其中釕的功用，就是負責利用電解質中的水分，將包覆在鉑觸媒上的一氧化碳氧化成二氧化碳。儘管如此，為考慮到燃料電池的耐久性，燃料處理裝置供給的燃料氣體，一氧化碳含有濃度依舊必須控制在10ppm（1ppm為百萬分之一）程度的極低數值上。而為了達到此條件，一般都會導入名為**選擇性氧化反應**的程序。

●必須要進行增溼，追求水分的適當管理
●考慮到耐久性，一氧化碳濃度必須要抑制在10ppm左右

圖1 固體高分子膜內的水分與離子的移動

參考資料：『燃料電池的一切』池田宏之助 編著（日本實業出版社）

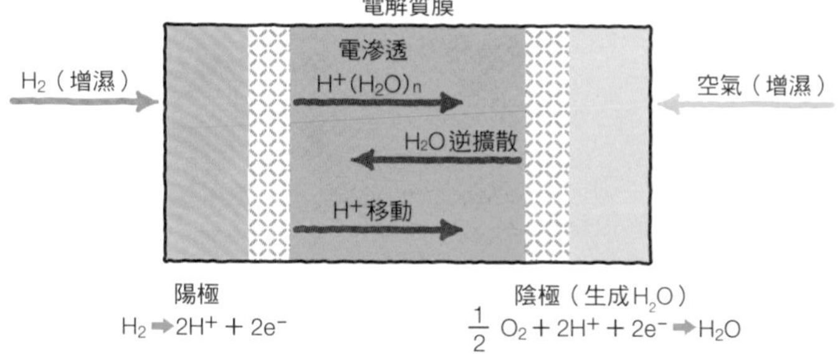

氫離子（H^+）在從燃料電極端（陽極）移動至空氣電極端（陰極）時，會攜帶複數的水分子，並會藉由發電反應，在空氣電極端生成水。雖然同時也會發生水從空氣電極端移動至燃料電極端的逆擴散反應，但空氣電極端的水分依然是會過剩。而充分考慮到這些情況的水分管理，則將會是個重要工作

燃料氣體（H_2）中的一氧化碳濃度，通常會降至10ppm以下，並會在燃料電極端使用鉑與釕的合金觸媒

圖2 蒸汽重組程序與一氧化碳濃度

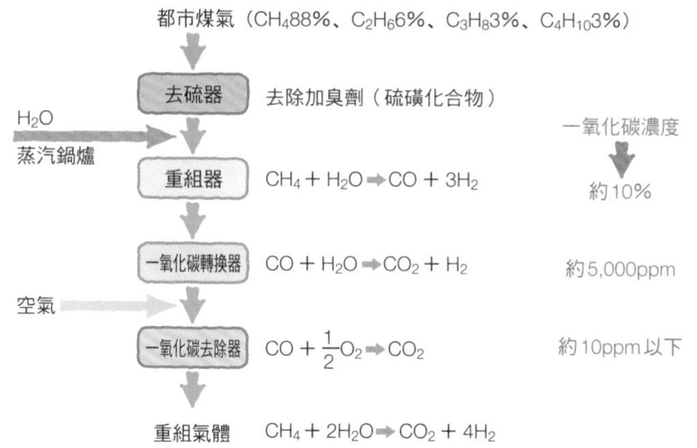

026 甲醇燃料電池能直接用甲醇反應，做為行動設備的電源使用

甲醇燃料電池不是使用重組過後的甲醇作為燃料，而是直接供給陽極甲醇水溶液，藉此產生氫離子與電子發電的燃料電池。在空氣電極端的反應，和固體高分子膜型完全相同。由於是以常溫操作為前提，因此電解質就和固體高分子膜型一樣是使用高分子膜。其中最大的特徵，就是它不需要燃料處理裝置，因此可讓系統更加精簡化。而在用途方面，則估計可做為電腦或行動電話等行動裝置的電源、以及攜帶式電源使用。

在諸如沙漠地帶或邊荒區域的海外地區，甲醇型似乎正做為軍事用途的有效電力在進行實用化。而在這方面的用途上，甲醇燃料則會保存在可攜帶移動的小型燃料匣中。

儘管根據熱力學理論的計算，甲醇型的發電效率可達到96.7%這種極高數值，但在現實生活中，由於電壓會相對於電流大幅下降，以及會發生甲醇與水一同穿透電解質膜的現象（**甲醇滲透現象**），因此測量出的發電功率與效率，數值將會遠比固體高分子膜型還要低。

相對於一般燃料電池是以環保發電設備的優勢作為賣點，預計做為攜帶式電源使用的這款燃料電池，則是以便利性為主要目的在做考量。

此款電池在實用化上的重要問題點，就在於該如何確保安全性。這是因為甲醇除了是種易於揮發、燃燒的燃料，還具有毒性的關係。假設裝滿甲醇的燃料匣在家中隨手可得，要是被嬰兒還是小朋友們拿來玩弄、舔食，不用說也該知道這會有多麼危險了吧。

- 甲醇燃料電池不需要進行重組程序
- 甲醇滲透現象會使功率下降

圖1 甲醇燃料電池的發電反應原理

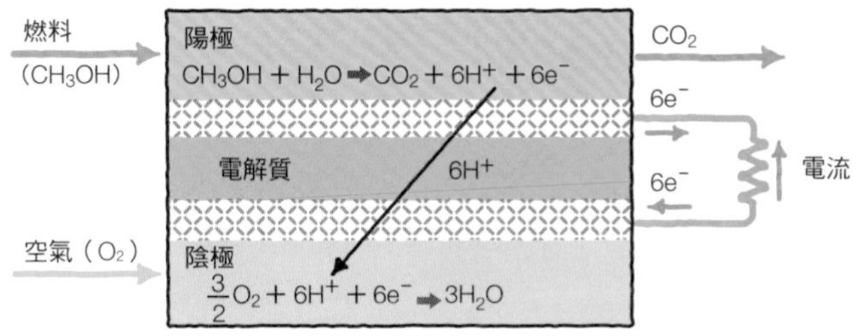

供給燃料電極（陽極）的是甲醇，而並非是氫

圖2 攜帶式燃料電池的未來假想

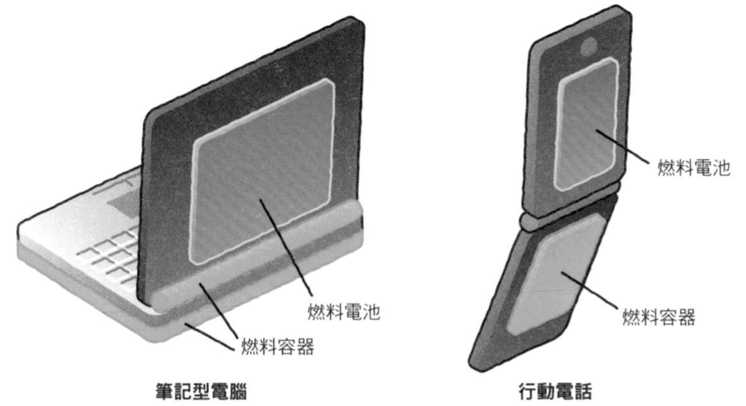

和二次電池不同，燃料電池只需要替換燃料匣，即可持續地供給電力

聯氨燃料電池也頗具歷史，並因游離碳而受到世人注目

目前所說明過的六種燃料電池，不是已進入實用化的階段，就是期許能在將來達到實用化，如今正熱中進行開發的款式。而除了這些外，過去也曾提出數種類型的燃料電池，而具有原型機、或是如今正在基礎研究階段的類型也具有好幾款。而**聯氨燃料電池**則就是這其中之一。

此款燃料電池的名字，是因為使用聯氨（N_2H_4）做為燃料而取的，但若是根據運作原理來分類，則將是屬於鹼性型。至於開發歷史則比較古老，甚至可追溯到1960年代。根據記錄表示，美國陸軍曾在1967年製造出功率20kW的電池原型機；此外，大阪工業研究所（現在的產業技術綜合研究所關西中心），則是曾在1972年製造了5.2kW的電池原型機做為卡車的動力源。

然而在這之後，卻在聯氨對人體有害、特別是具有致癌性的指責下，終止了開發活動；不過最近則由於聯氨的游離碳特性，可不用再使用鉑做為陽極觸媒的等等優點而受到好評，才使得聯氨再次受到世人的關注。

然而就如同所敘，聯氨燃料電池基本上算是鹼性型的一種，因此是用保存在多孔母體中的氫氧化鉀水溶液做為電解質，並會使用離子交換膜。此外，氫氧離子是從陰極往陽極方向輸送，並會在陽極端與聯氨反應轉變成氮與水的同時，釋放出電子；陰極端的氧則會與水反應，並與電子結合，將氫氧離子送往電解質之中。

根據最近的研究報告，聯氨燃料電池在使用陰離子（負離子）交換膜的情況下，能夠得到較良好的功率特性，而日本產總研與大發工業，則也發表了使用負離子交換膜的汽車用聯氨燃料電池的原型機。

●使用高毒性的聯氨做為燃料
●基本上算是鹼性燃料電池的一種

圖1 直接聯氨燃料電池的發電反應原理

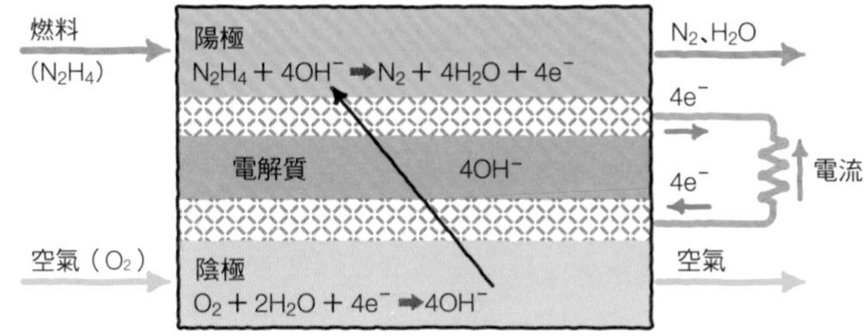

鹼性燃料電池的一種。是將高毒性的聯氨做為燃料，
直接供給燃料電極（陽極）使用

圖2 鹼性電解質膜燃料電池（日本產總研與大發工業共同開發）

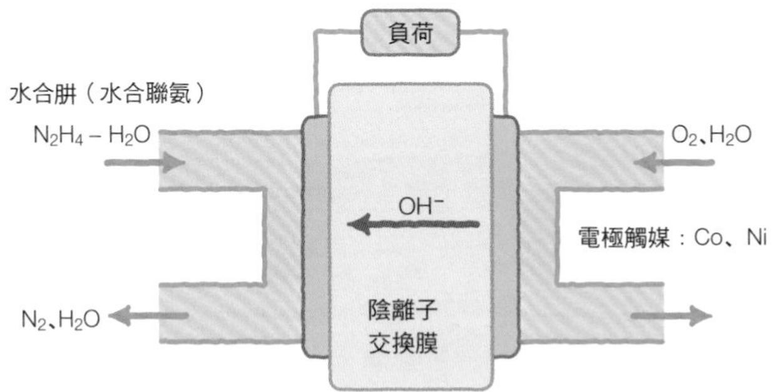

燃料槽內的水合　會藉由聚合物形成固體化

COLUMN

總整理 燃料電池單電池的運作

燃料電池的基本單位是單電池。實用單位的燃料電池堆，則是由大量單電池堆疊構成的。

單電池的結構就如同以下所述。稱為燃料電極、空氣電極的一組電極，會隔著電解質相對放置，而兩個電極會經由外電路相連起來。燃料電極會獲得氫氣、空氣電極則是會獲得氧（空氣）；電解質會形成離子的通道、外電路則會形成電子的通道。分隔板則是形成單電池邊界的板材，負責擔任不讓氫與空氣混合的隔板，而上頭刻有的溝槽，則是會同時做為氫與空氣的流動通道。

接著有關於操作方面，送往燃料電極的氫會在此處釋放出電子（氧化反應），將氫轉換成氫離子。而這種進行氧化反應的電極就叫做「陽極」，因此燃料電極是個陽極。然後電子會經由外電路、氫離子會被導向電解質，雙方各別經由各自的路徑抵達空氣電極，並在此處與外部導入的氧反應生成水。這種獲得電子的反應就叫做還原反應，而進行還原反應的電極稱為「陰極」，因此空氣電極將會是個陰極。至於這種電荷在參與反應過程的物質間移動的反應，就叫做「氧化還原反應」。燃料電池就是以這種氧化還原反應做為基礎。若用化學式表示，將會成為以下公式：

陽極（燃料電極）： $H_2 \rightarrow 2H^+ + 2e^-$

陰極（空氣電極）： $\frac{1}{2}O_2 + 2H^+ + 2e^- \rightarrow H_2O$

由於沒有單獨存在的天然氫，因此會藉由「重組反應」，從天然氣（主成分為甲烷）或液化石油氣等原燃料中提煉。

燃料電池和二次電池有哪裡不一樣？

燃料電池與二次電池（蓄電池）儘管同樣都叫做電池，
但相對於發電裝置的燃料電池，二次電池則是種儲存電力的設備。
雙方共通點就是，都是以氧化還原作用做為基礎。
本章節就來討論一下二次電池吧。

燃料電池擁有發電機能，二次電池則可儲存電力

燃料電池與二次電池之間究竟有什麼不同？就機能層面來看，兩者間主要的差異就在於，燃料電池是將燃料化學能轉換成電能的發電機（設備），但相對的，二次電池則眾所皆知是種儲存電力的設備。二次電池在放電時，也會如同燃料電池般的供給外部電力，但在充電時，則是會藉由外部電源供給電力的行為，將電能轉換成化學能儲存在電池內部。因此，燃料電池與二次電池的共同之處就在於，能量轉換程序基本上都是運用電化學反應的氧化還原反應這點。

能量轉換的基本組件**單電池**（cell），不論是燃料電池還是二次電池，都是由一對電極，與形成離子通道的電解質、形成電子通道的外電路構成的。然而在燃料電池的情況下，反應僅會是單一方向，因此電子只會經由外電路從燃料電極端往空氣電極端（氧電極）流動（電流是從空氣電極端往燃料電極端流動）；在二次電池的情況下，放電時，電子是從負極端（相當於燃料電池的燃料電極）往正極端（相當於燃料電池的空氣電極）移動（電流是從正極端往負極端移動）、在充電時則是反過來，電子是從正極端往負極端移動（電流是從負極端往正極端移動）。因此，二次電池的電極就叫做正極以及負極，在放電時，負極會釋放出電子引起氧化反應、正極會接收電子引起還原反應；在充電時則是相反，負極引起還原反應、正極則引起氧化反應。

那麼，將電力以化學能型式儲存起來的物質會位在哪裡呢？這種構成電極、名為「活性物質」的材料，在正極會有正極活性物質（氧化劑）、在負極會由負極活性物質（還原劑），並且一同進行著氧化還原反應。

- 二次電池會將電力以化學能的型式儲存
- 儲存電力的物質是活性物質，會存在於電極端上

圖1 燃料電池與二次電池的差別

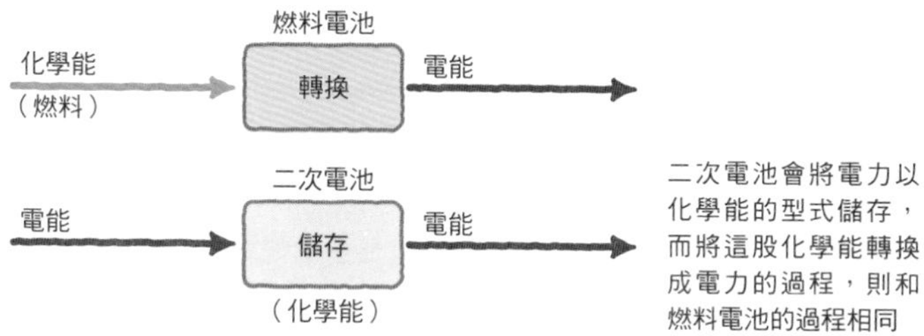

圖2 燃料電池的概念

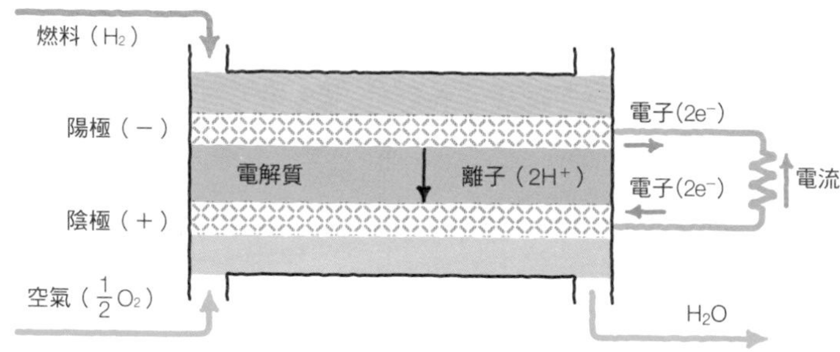

圖3 二次電池的概念

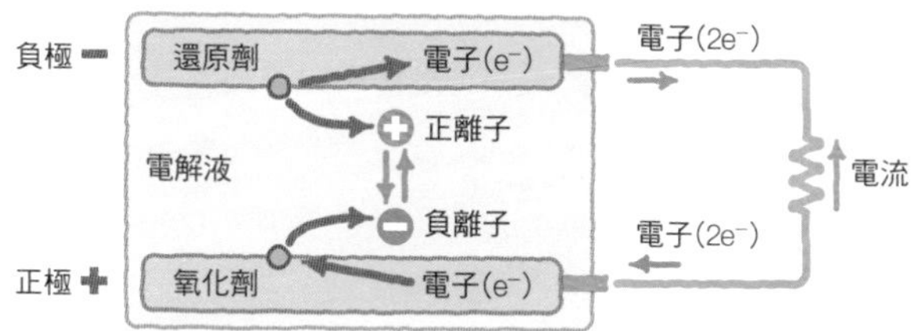

電池在放電時，還原劑會釋放出電子，並會經由外電路給予氧化劑。此時的還原劑與氧化劑會出現物質變化，同時使離子移動到電解質之中。然而在反應過程中，並不一定會如同上圖所示的產生正離子與負離子，而是會根據電池的種類，引發不同的反應程序。此外，電池會在放電過程中形成放電生成物。這也就是說，電流是在還原劑與氧化劑的變化過程中產生的，因此無法持續不斷的放電。而充電時反應方向，則是會與放電時的相反

用語解說

正離子、負離子 → 像H^+這種帶有正電荷的離子，就叫做陽離子或正離子；像H^-這種帶有負電荷的離子，就叫做陰離子或負離子

029 充放電時的電極反應與活性物質的變化

二次電池的負極是由還原劑（負極活性物質）、正極是由氧化劑（正極活性物質）構成的。不過，這個還原劑與氧化劑又是什麼東西啊？舉例來說的話，鐵會生鏽，是因為鐵被空氣中的氧氧化所至。那在此情況下，就將可視鐵為還原劑、氧為氧化劑。雖然這是拿不以能量轉換為目的的現象做為例子，但就算是煤炭、石油等燃料的燃燒反應，也一樣可定義出還原劑與氧化劑。

一般而言，像石油這種碳氫化合物燃料，在供給空氣使溫度提升（點燃）後，就會燃燒產生熱能，並同時生成二氧化碳與水蒸氣。在此情況下，石油是還原劑、而空氣（氧）則是氧化劑。做為還原劑的石油，會被空氣中的氧（氧化劑）氧化；做為氧化劑的氧，則會受到還原劑——碳氫化合物還原，並伴隨著熱能，同時產生氧化還原的生成物——二氧化碳與水蒸氣。石油在點燃動作下的氧化反應之所以能夠自然發生，是因為在此燃燒反應中，反應系統（石油與空氣）的勢能（焓），遠比生成系統（二氧化碳與水蒸氣）還要高的關係。而化學反應，則是一定會從焓的高狀態朝低狀態進行。

就原理上，勢能（焓）減少的部分，將會等同於釋放到系統外部的熱能。此乃化學能轉換成熱能的反應例子，不過在電化學反應中，釋放出電子的氧化反應，與獲得電子的還原反應卻是相輔相成，是藉由兩電極間電子與離子的交換，將化學能轉換成電能的。

●燃燒反應中的燃料是還原劑、氧是氧化劑
●二次電池的電極是由活性物質構成

圖1　鐵為什麼會生鏽？

參考資料：『二次電池的Q&A』小久見善八、西尾晃治著（オーム社）

鐵：還原劑
氧：氧化劑

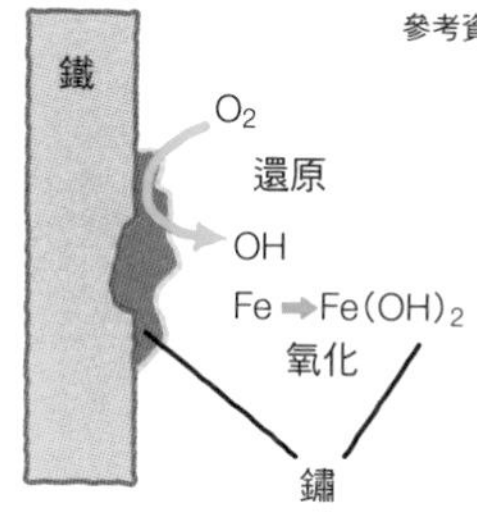

生鏽，也就是指鐵（還原劑）被氧化、氧（氧化劑）被還原的過程，而二次電池就是運用這氧化與還原的反應產生電力

圖2　燃燒反應與電池反應的差異

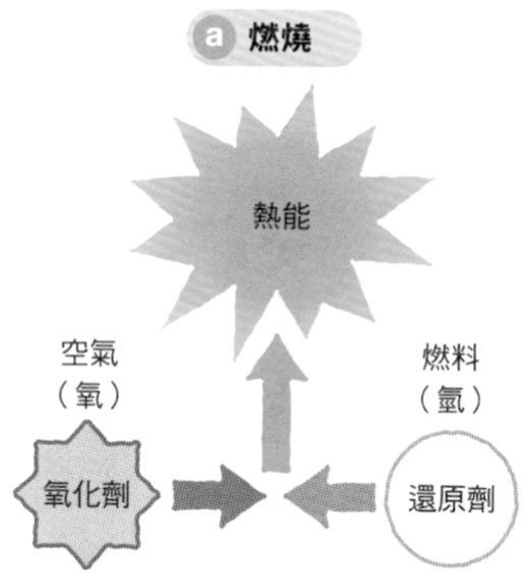

是燃料與空氣直接混合的反應。
在此過程中會產生熱能

b 電池

電能

空氣
（氧）

燃料
（氫）

電子

離子

氧化劑

還原劑

氧化劑與還原劑不會直接混合，而是藉由離子與電子引起物質變化。在此過程中會產生電能

要是燃料氣體與空氣沒有直接混合的引起氧化反應，就可以得到電力喔

030 二次電池的電解質中，有道僅讓離子通過的障壁

現在，就讓我們來看一下二次電池的放電（發電）動作吧。

在電池的電解質中，會放入形成負極活性物質的還原劑（相當於燃料電池的燃料）、與正極活性物質的氧化劑（相當於燃料電池的氧）。而電解質一般都會使用溶有電解質的水溶液（電解液），不過實際上，也還有將鹽質溶入有機溶劑中的有機電解液、聚電解質、以及固體電解質之類的電解質存在。然而不論是哪一種電解質，在與燃料電池的電解質相較之下較為顯著的差異點，那就是不僅會做為離子通道，活性物質還會溶解於電解液中，讓電解質參與電極端活性物質的反應過程。

當活性物質溶解於電解液中時，負極與正極就會經由電解液相互接觸，讓負極活性物質與正極活性物質直接反應，使能量不會白白被浪費掉。此外，正極的電位比負極高，讓負極與正極間有時會引發短路（short）、使電力損耗的現象。為避免此現象發生，電解液中會設有隔開負極與正極的**隔板或隔膜（separator）**。這種隔板或隔膜（separator）僅會讓離子通過，並負責阻止造成短路的電子流通、或是電解液混濁。

出現在燃料電池堆中的分隔板（separator），是置於相鄰的兩單電池（cell）之間，用來防止燃料氣體與空氣混合，並連接各單電池電力的組件；二次電池中的隔膜（separator），則是會擔任起燃料電池中電解質膜的功能。

概念性的說明就到此為止，接下來就針對電池的運作以及二次電池的反應方式進行具體的說明吧！

●隔膜會負責防止電極間引發短路
●隔膜僅會讓離子通過

圖1 二次電池的結構

參考資料：『二次電池的Q&A』小久見善八、西尾晃治著（オーム社）

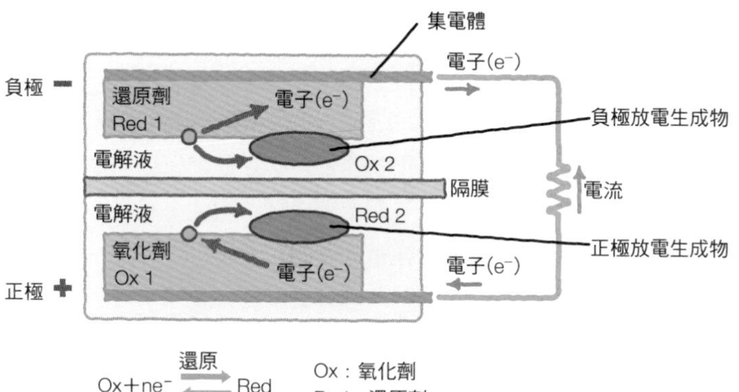

$$Ox + ne^- \underset{氧化}{\overset{還原}{\rightleftarrows}} Red$$

Ox：氧化劑
Red：還原劑

還原劑會對外電路釋放出電子，生成二次氧化劑；氧化劑會從外電路接收電子，生成二次還原劑。此時，外電路會產生電流

表1 二次電池與燃料電池單電池的構成要素比較

	二次電池	燃料電池
電極	負極 正極	燃料電極（陽極） 空氣電極（陰極）
反應物質	還原劑（負極活性物質） 氧化劑（正極活性物質）	燃料氣體（H_2） 空氣（O_2）
反應物質的混合防止對策	隔膜	分隔板
反應物質的供給方法	內藏於電池中	外部供給
反應生成物	放電生成物（儲存於電池中）	H_2O（排出到電池外）

用語解說

隔膜 → 僅會讓離子通過，並負責防止電極間的引發短路

031

追查丹尼爾電池的電化學反應程序

世界上最早出現的電池，據說是紀元前三世紀製造的**巴格達電池**（圖1）。根據傳聞，是由於這種電池是在伊拉克巴格達近郊的惠亞德拉布亞遺址發現到的，才會因而冠上此名稱。而在這之後，發明定電流電源電池（**電堆**）的人，則是做為電力研究先驅聞名的義大利人——伏特（Anastasio Volta，1745－1827）。

他在研究經伽伐尼青蛙實驗發現到的"動物電"的過程中，發現到不同金屬的接觸會引發電流的事實，並以此見解為基礎，在1800年製造出一次電池。我們日常生活中使用的電器用品，上頭那名為伏特（V）的單位，就是取自於伏特名字的電壓單位。

另一方面，在1836年，由英國人丹尼爾（John Frederic Daniell，1790－1845）發明的**丹尼爾電池**，其中的活性物質，是使用鋅做為負極（還原劑）、銅離子做為正極（氧化劑）；負極的鋅電極會放入硫酸鋅溶液，正極的銅電極會浸入硫酸銅溶液。而為避免電解液混合，兩者之間會裝有隔膜（separator）（圖2）。

在負極端，鋅會氧化成鋅離子，並同時釋放出電子到外電路；在正極端，銅離子會接受外電路的電子，形成金屬銅。然而這種電解質中的離子流動，卻會在此款電池中造成一種問題。那就是，假使銅離子穿過隔膜來到負極端的話，銅離子就會與鋅直接反應，析出在鋅的表面上，使鋅電極表層鍍上一層銅片。一旦負極表面被銅完全覆蓋，負極端的反應就會停止，電池的運作也將完全停擺。

●丹尼爾電池是在1836年由丹尼爾發明的
●負極是使用鋅金屬、正極是使用銅離子

圖1 巴格達電池的結構

參考資料：『二次電池的Q&A』小久見善八、西尾晃治著（オーム社）

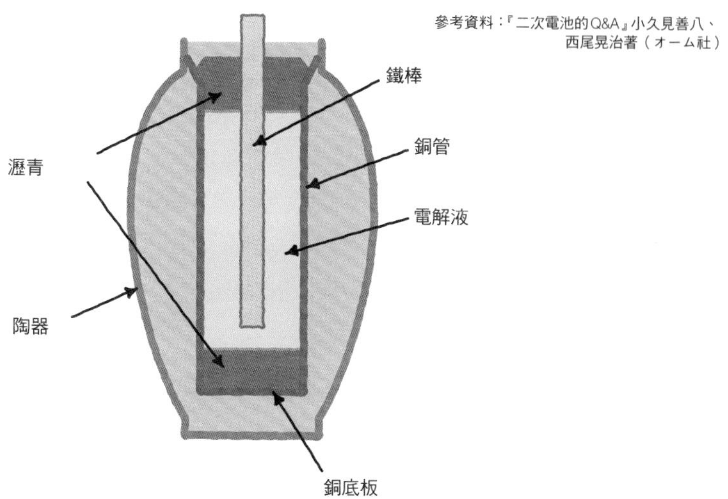

圖2 丹尼爾電池

參考資料：『二次電池的Q&A』小久見善八、西尾晃治著（オーム社）

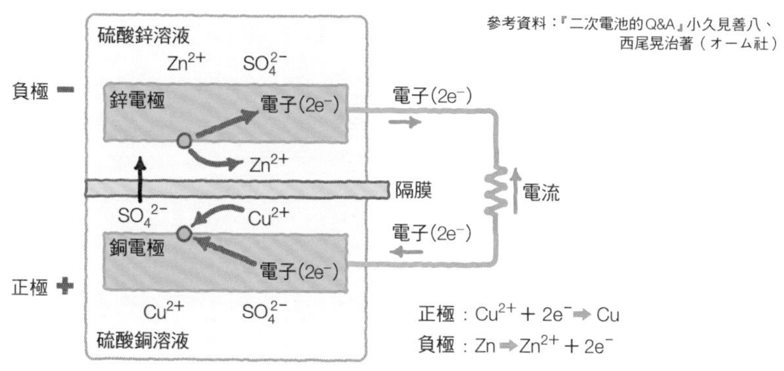

就理想來說，會希望隔膜能只讓硫酸離子通過，但現在還沒有這種物質存在。因此，如今就沒再使用這種電池了

鉛蓄電池的放電過程，是將二氧化鉛與鉛轉換成硫酸鉛與水

鉛蓄電池是負極為鉛（Pb）、正極為二氧化鉛（PbO_2）電解質採用稀硫酸（H_2SO_4）的二次電池。這是在1859年，由法國的普朗特（Gaston Plante，1834－1889）所發明。這種電池由於電動勢高達2.1V、功率密度也高、使用便宜的鉛讓成本低廉、以及電解質採用水溶液衍生的高安全性等諸多優點，頗受世人好評，並以汽車電池以及產業用電池的形式，廣泛地普及開來。

鉛蓄電池的放電反應，在負極端是負極活性物質的鉛，會與稀硫酸中的硫酸離子（SO_4^{2-}）反應生成硫酸鉛（$PbSO_4$），並同時釋放出電子。換句話說，就是還原劑的鉛被氧化劑的硫酸離子氧化了。另一方面，正極活性物質的二氧化鉛，會與電解液中的氫離子以及硫酸離子，一同被外電路導入的電子還原生成硫酸鉛與水。這時候的稀硫酸電解液，將會電離成氫離子與硫酸離子（圖1）。

統合以上所述的負極端與正極端的反應，最後可得知鉛蓄電池的整體反應，是經由稀硫酸電解液的反應，將二氧化鉛與鉛轉換成硫酸鉛與水。這也就是說，伴隨著放電反應的進行，稀硫酸電解液就會因生成的水而逐漸稀薄。

當對置於水中的一組電極施加電壓時，水就會消耗電力引發電解反應，並藉此產生氫與氧。鉛蓄電池的電動勢為2.1V，而就理論上來說，水會在1.23V下引發電解，所以鉛蓄電池的水溶液理當會引發水電解反應才對，但就實際上來說，由於鉛與氧化鉛的分解速度過於緩慢，因此幾乎觀測不到電壓下降的情況；只不過，一旦長時間置之不理，儲電量就會受到自放電的影響逐漸減少。

重點 Check!

●鉛蓄電池的電動勢高、功率密度也高
●長時間置之不理，就會引起自放電現象

圖1 鉛蓄電池的充放電反應

正極：$PbO_2 + 4H^+ + SO_4^{2-} + 2e^- \underset{充電}{\overset{放電}{\rightleftharpoons}} PbSO_4 + 2H_2O$
（二氧化鉛 → 硫酸鉛）

負極：$Pb + SO_4^{2-} \underset{充電}{\overset{放電}{\rightleftharpoons}} PbSO_4 + 2e^-$
（鉛 → 硫酸鉛）

電解液：$2H_2SO_4 \underset{充電}{\overset{放電}{\rightleftharpoons}} 4H^+ + 2SO_4^{2-}$

電池：$PbO_2 + Pb + 2H_2SO_4 \underset{充電}{\overset{放電}{\rightleftharpoons}} 2PbSO_4 + 2H_2O$

圖2 鉛蓄電池負極的充放電反應

參考資料：『電氣化學』小久見善八　著（オーム社）

下圖是負極充放電反應的詳細過程，雖然乍看之下與上頭的反應式不同，但就如圖下方的公式所示，只需將兩個反應式兩邊共同的多餘項目刪去，極可明白整體的反應是一致的

a 放電反應

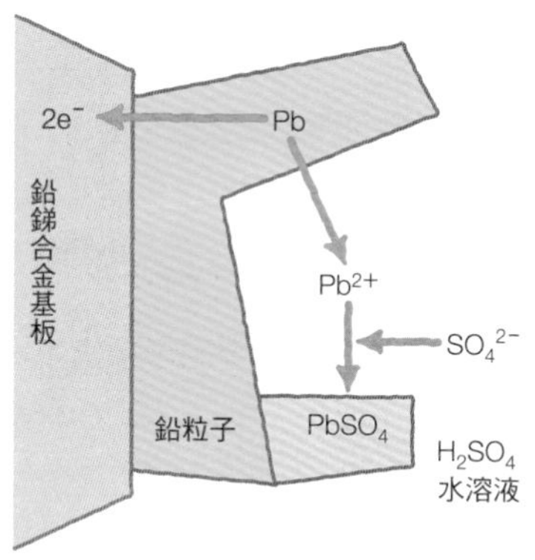

$Pb \rightarrow Pb^{2+} + 2e^-$
$Pb^{2+} + SO_4^{2-} \rightarrow PbSO_4$

$Pb + SO_4^{2-} \rightarrow PbSO_4 + 2e^-$（整體反應）

b 充電反應

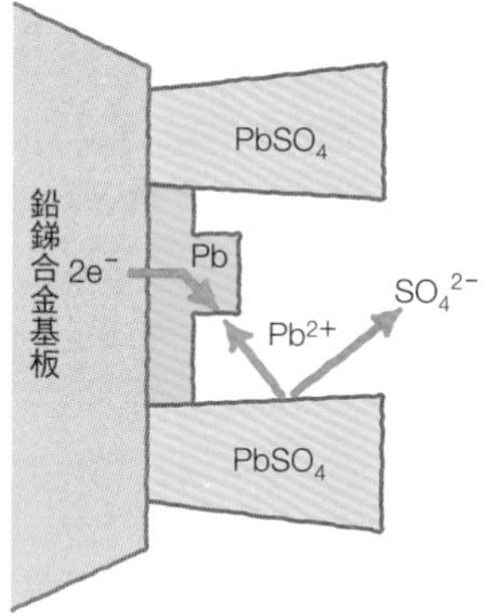

$PbSO_4 \rightarrow Pb^{2+} + SO_4^{2-}$
$Pb^{2+} + 2e^- \rightarrow Pb$

$PbSO_4 + 2e^- \rightarrow Pb + SO_4^{2-}$（整體反應）

033 充電是指將放電過的活性物質，經由電解恢復原狀的過程

在（032）的篇幅中，已針對鉛蓄電池的放電現象做過一番考察，至於充電現象，則是和放電完全相反的反應。充電基本上是將放電過的活性物質，經由電解恢復原狀的動作過程，而就鉛蓄電池的情況，具體來講就是在正極端進行氧化反應、負極端進行還原反應，將正極以及負極的放電生成物——硫酸鉛，分別恢復成二氧化鉛與鉛的程序。然而，電池若是長時間置之不理、反覆多次的進行充放電動作，大部分的硫酸鉛就會轉變成無法復原的類型，導致電池的性能劣化。

話說到這，現在以達實用化階段、在市面上廣泛普及的二次電池，包含上述的鉛蓄電池在內，可舉出鎳鎘（Nickel-Cadmium）電池、鎳氫電池、鋰離子電池等等。這些二次電池都有著獨自的特性，並活用在需要這些特性的領域之中。

比方說，現在汽油車之所以會專用鉛蓄電池做為引擎點火的電池，就是因為鉛蓄電池那功率密度高、便宜又安全的特性，正好符合汽油車需求的關係。就汽車的情況來看，就算車子因為故障或燃料不足等因素導致引擎停止運轉，也能透過鉛蓄電池的高動力移動車身，迴避緊逼而來的危機。

只不過，就算同樣是汽車，一旦換成是電動車，那麼所需要的就是能在一次充電下，盡可能地行駛長距離的能力。在這種情況下，則可預想到能量密度大、並且不用太過於擔心存儲效應的鋰離子電池，將會占據主流的寶座。不過正確來說，應該認為是因為具備這些優秀性能的鋰離子電池的出現，才使得電動車實用化有了大幅度地進展吧。

●充電時，正極會進行氧化反應、負極會進行還原反應
●鋰離子電池的出現，促進了電動汽車的實用化

表 1 電池開發史

發明者	發明年	發明、發現的東西
伽伐尼（L. Galvani）	1798	電化學現象
伏特（A. Volta）	1800	世界最早的電池
法拉第（M. Faraday）	1834	電化學的定量法則
葛洛夫（W.R. Grove）	1839	燃料電池
威廉約瑟夫（W.J. Sinsteden）	1854	鉛蓄電池的原理
普朗特（G. Plante）	1859	鉛蓄電池的實用化
勒克朗社（G. Leclanche）	1868	勒克朗社電池（鋅二氧化錳）
米歌洛維斯基（T. de Michalowski）	1899	鎳鋅電池
渥德莫（W. Jungner）	1901	渥德莫電池（鎳鎘）
渥德莫（W. Jungner）	1901	鎳離子電池
愛迪生（T.A. Edison）	1901	鎳離子電池
費瑞（C. Fery）	1907	鋅空氣電池
三洋電機	1990	鎳金屬氫化物電池
索尼	1991	鋰離子電池

除了此表有刊載的人名之外，還有許多對電池開發有著極大貢獻的人們

表2 市售的主要小型二次電池的能量密度

參考資料：「NEDO關西產業技術討論會」小久見善八 著

電池種類	年	現況[Wh/kg]	理論值	現況[Wh/L]	理論值
鉛蓄電池 (Pb/PbO_2)	1859	30～50	161	50～100	720
鎳鎘電池 (Cd/NiOOH)	1899	65(31%)	209	210(28%)	751
鎳氫電池 ($LaNi_5H_6/NiOOH$)	1990	90(33%)	275	340(30%)	1134
鋰離子電池 ($LiC_6/LiCoO_2$)	1991	197(50%)	395	555(38%)	1470

034 表示二次電池性能與特性的獨特評量指標

為表示二次電池（以下記為電池）的性能與特性，我們會定義出燃料電池或其他電器用品所不會使用的獨特指標。這些分別是能量密度、充放電效率、充電狀態、放電深度、循環次數和自放電率等等。

能量密度是指電池在每單位重量、或每單位體積所能儲存的電容量，是伴隨著行動電話、筆記型電腦等行動設備的普及、以及電動車的開發，現在最受重視的指標之一（詳情待稍後敘述）。

充電狀態是指相對於完全充電的狀態（滿充電），目前的已充電程度的指標，單位用%來表示；放電深度是指相對於電池的額定容量（電池在滿充電時所儲存的電能，單位用%來表示），目前已釋放多少電能的指標，也和充電狀態相同，是使用%作為表示單位。

燃料電池最重視的指標是發電效率，而與此地位相當的電池指標，則可說是充放電效率。此指標的定義是相對於充電時所需的電能（單位為Wh），在放電時所能取出的電能比例。

循環次數是指電池大略可以反覆充放電多少次的指標，通常是指電容量會降到初期狀態（循環）的70%或是60%左右時的充放電循環次數。

只不過電池實際上的壽命，會根據電池的使用方式、也就是反覆充放電的充電狀態與放電深度而有所不同。這是在電池的充電程序中，因為活性物質完全無法恢復原狀所導致的現象。電池在連接外電路的情況下，就算沒有放電，容量也會因為自放電的關係而逐漸減少。而電池在一定期間內，因自放電減少的容量比例，就稱為自放電率（單位為%／月或是%／年）。

●現在最受到重視的指標是能量密度
●充放電效率相當於燃料電池中的發電效率

圖1 從電池中取出的能量

參考資料：『二次電池的Q&A』小久見善八、西尾晃治著（オーム社）

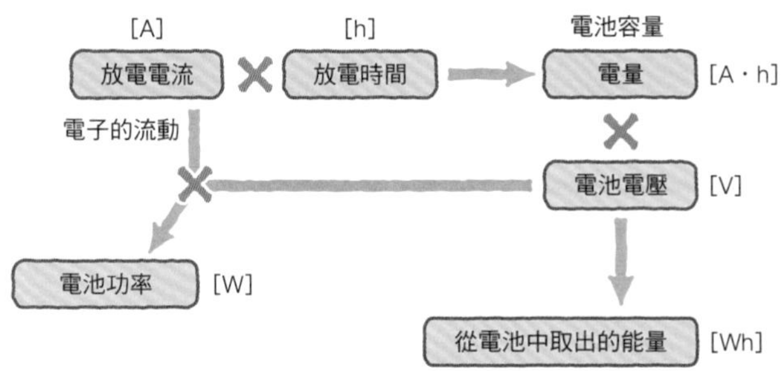

表1 指標說明

用語	概要	單位
能量密度	電池可儲存的電容量	[Wh/kg、Wh/L]
放電效率	可放電的電能／充電所需的電能	[%]
充電狀態	充電程度的現況／滿充電狀態	[%]
放電深度	至今為止的放電量／額定容量	[%]
循環次數	充放電的可循環次數（注）	[次]
自放電率	開電路時的放電量	[%/月、%/年]

（注）充電容量降到初期的60%～70%為止的次數

035 用反應式來算看看理論能量密度吧

二次電池有個叫做**理論能量密度**的指標。由於此指標可從負極以及正極的活性物質充放電反應式中計算求得，因此可做為推測實際能量密度的概略數值。這裡就以鎳鎘（Nickel-Cadmium）電池為例，來試著計算理論能量密度吧。

鎳鎘電池的負極活性物質是鎘（Cd）、正極活性物質是氫氧化氧鎳（NiOOH）、而電解質則是使用諸如氫氧化鉀（KOH）的鹼性水溶液。在放電反應的過程中，負極端的鎘會與電解液反應形成氫氧化鎘（$Cd(OH)_2$），並在此反應過程中釋放出兩個（2莫耳）的電子。

此外在正極端，氫氧化亞鎳會與水反應形成氫氧化鎳（$Ni(OH)_2$），而在此反應過程中可接收的電子個數（莫耳數）則為1，因此，為使負極與正極間的電子供需保持一致，正極的反應就必須是負極的兩倍。那最後電池的整體反應，就將會是2莫耳氫氧化亞鎳，會與1莫耳鎘以及2莫耳水反應生成2莫耳氫氧化鎳與氫氧化鎘。而在此過程中，會有2F的電荷從正極端移動到負極端。至於這邊的F，是叫做**法拉第常數**的物理常數，表示1莫耳電子所帶有的電荷量（單位為C／mol：庫倫／莫耳）（請參照圖2）。

由於活性物質1莫耳的重量，會等於反應生成物的原子量總合。而另一方面，外部在電池放電時可取得的電能量，則是在電極間移動的電荷量2F，與該電池的電動勢1.32V的乘積。因此，只要計算出這兩者間的比率，即可得知理論能量密度。

●可從活性物質的量計算出理論能量密度
●法拉第常數F是1莫耳所帶有的電荷量

圖1 電池的理論能量密度

參考資料：『電化學』小久見善八 著（オーム社）

理論能量密度 [Wh/kg、Wh/L] ＝ 電動勢 [V] × 電極的每單位重量、體積的放電容量 [Ah/kg、Ah/L]

電動勢：最好是能得到高電動勢的正極與負極組合

放電容量：最好是輕量、小體積、每單位反應電子數多的活性物質

圖2 鎳鎘電池的理論能量密度

參考資料：「二次電池的Q&A」小久見善八、西尾晃治 著（オーム社）

鎳鎘電池的反應

正極：$NiOOH + H_2O + e^- \Rightarrow Ni(OH)_2 + OH^-$

負極：$Cd + 2OH^- \Rightarrow Cd(OH)_2 + 2e^-$

電池：$2NiOOH + Cd + 2H_2O \Rightarrow 2Ni(OH)_2 + Cd(OH)_2$

理論能量密度的計算

放電生成物的式量（分子量總合）=0.332kg

（$2Ni(OH)_2 + Cd(OH)_2$）

電動勢＝1.32V　$F = 9.6485 \times 10^4$C/mol　1 Ah=3600C

放電電能＝$1.32 \times 2F/3600$=70.75Wh

理論能量密度＝70.75/0.332=213Wh/kg

圖3 鎳鎘電池的結構

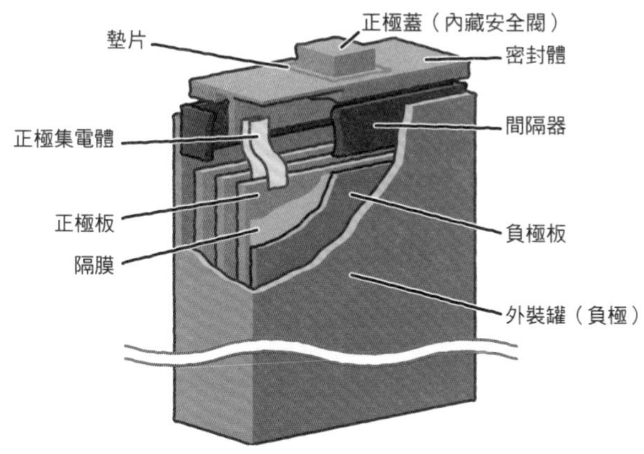

036

電池實際上的能量密度，會遠比理論值還要低

雖然在（035）的篇幅中，已經介紹過理論能量密度的計算方式，但那終究只是個概略數據。至於實際電池在放電反應中釋放的能量（能量密度），則將會比此數值還要低上許多。這其中的理由則是，❶放電電壓有時會比電動勢（開路電壓）還要低上許多。具體來說，這不僅是因為電極、集電體、電解液等組件產生的內電阻，還可舉出稍後會說明的因**活性極化**等因素導致的電壓下降的影響。此外，❷實際的二次電池，除了活性物質之外，還包含了電池外殼、黏結劑、電解液、以及集電體之類的組件和附件在內，因此重量和體積也會相對應的增加，導致能量密度降低。再來還有，❸活性物質與集電體或電解液接觸不良，導致活性物質有部分的發電反應無法利用。基於這些理由，就算實際電池的能量密度在理論值的一半以下，也是稀鬆平常的事。

在此，就來簡單介紹一下活性極化吧。這雖然已在第一章介紹過了，但這邊就以丹尼爾電池在正極端引起的銅離子放電反應（帶有電荷的帶電體失去該電能的反應）為例，來說明這個現象。

在丹尼爾電池的正極端，電解液中的銅離子會抵達電極的邊界面（**外赫姆斯面**），並在此處接收電極電子形成金屬銅。這個過程就叫做**電荷轉移過程**。然而，為使銅離子的放電反應能夠順利進行，就必須得要越過在緊鄰電極表面的平面上形成的電位山、也就是勢能障壁才行。至於這道障壁的高度，也就是反應所需的活化能。為了越過障壁，讓電子從電極移動到銅離子上，就必須消耗掉能量，導致正極電位因此下降。而基於這種現象導致的電壓下降，就稱為「活性極化導致的過電位」（活性能請參照008）。

●理論能量密度是實際電池的能量密度的概略值
●實際電池的能量密度甚至會低於理論值的一半以下

圖1 實際電池的能量密度

參考資料：『二次電池的Q&A』小久見善八、西尾晃治著（オーム社）

實際電池的能量密度 ＝ 理論能量密度 × $\frac{\text{平均放電電壓}}{\text{電動勢}}$ × 電池容器內的電極（活性物質）的填充率 × 電極（活性物質）的利用率

圖2 實際電池的能量密度比理論值低的理由

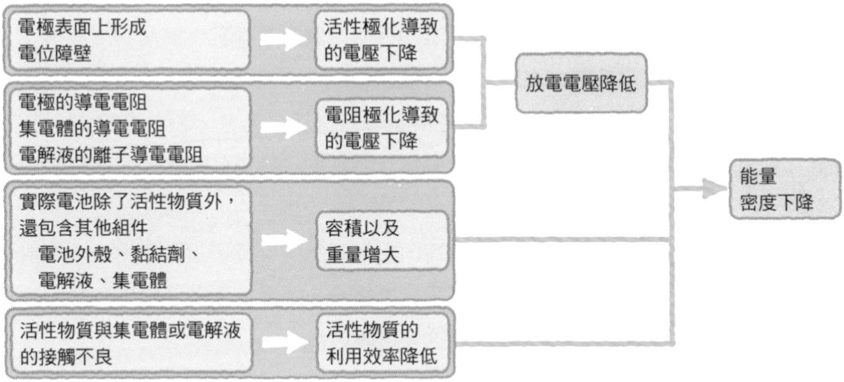

原因		結果		
電極表面上形成電位障壁	→	活性極化導致的電壓下降	放電電壓降低	能量密度下降
電極的導電電阻 集電體的導電電阻 電解液的離子導電電阻	→	電阻極化導致的電壓下降	放電電壓降低	能量密度下降
實際電池除了活性物質外，還包含其他組件 電池外殼、黏結劑、電解液、集電體	→	容積以及重量增大		能量密度下降
活性物質與集電體或電解液的接觸不良	→	活性物質的利用效率降低		能量密度下降

實際電池的能量密度，會在理論能量密度的一半以下喔

鎳氫電池的充放電反應，與二次電池的發展經緯

油電混合車採用的鎳氫電池，具備比鎳鎘電池高1.5倍到2倍的能量密度、可快速充電、充放電循環次數多等長處。而這種電池的特徵就在於，會在負極端使用儲氫合金。充放電程序，則是讓氫離子在負極與正極之間移動（圖1）。

儲氫合金是具有吸附、釋放氫這種性能的合金，特徵是能夠儲藏高密度的氫。只要將儲氫合金置於高壓氫氣的環境中，氫就會吸附在金屬表面上，以氫原子或氫離子的狀態保存在金屬晶格中。而處於這種狀態下的金屬，就叫做**金屬氫化物**。相反的，當氫氣的壓力降低時，金屬氫化物就會伴隨吸熱動作，將氫釋放到外部。

儲氫合金與燃料電池車的開發息息相關，做為儲氫的手段，投入了相當多的精力在進行研究，但由於儲氫合金的體積密度雖然高，重量密度卻低得只有數%左右，導致重量過重，至今還不怎麼受到世人重視。

本章節雖然是針對主要的各種二次電池，考察其充放電動作以及特徵，但伴隨著過去15年來行動設備與汽車技術的革新，領導電池市場的商品已有了相當大的改變。現在的鎳氫電池和稍後會提到的鋰離子電池，目前已取代鉛蓄電池和鎳鎘電池的地位，正大幅度地在逐漸提高市占率。此外，由於最近即將迎來大量導入太陽能發電與風力發電的時代，為了追求電力系統的穩定化，也正期許能夠出現具備大容量以及高充放電效率與高可靠性，外加上低成本兼高耐久性的儲電電池。

●鎳氫電池的負極端是使用儲氫合金
●儲氫合金能夠可逆性的儲藏、釋放氫

圖1 鎳氫電池的充放電程序

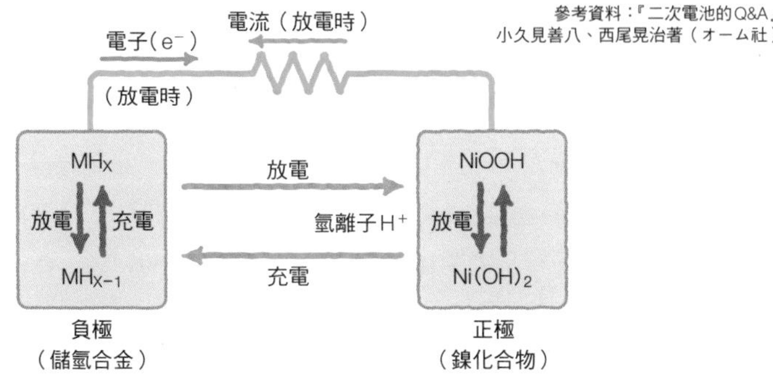

正極：$NiOOH + H_2O + e^- \rightarrow Ni(OH) + OH^-$
負極：$MHx + OH^- \rightarrow MH_{X-1} + H_2O + e^-$

電解液為強鹼性，且就如反應式所述，現實中是幾乎沒有氫離子的存在，不過此圖為讓人輕易了解充放電的機制，而採用氫離子的移動來表示

圖2 儲氫合金是

儲氫合金可藉由下述反應將氫原子納入金屬晶格中，在小體積內儲藏大量的氫；只不過，為進行以下反應，必須伴隨著氫的加、減壓與反應過程，授受熱能才行

儲藏過程：	M （儲氫合金）	＋	H （氫的加壓）	➡	MH （金屬氫化物）	△H （發熱）	外部操作 加壓、冷卻
釋放過程：	M （儲氫合金）	＋	H （氫的減壓）	⬅	MH （金屬氫化物）	△H （吸熱）	外部操作 加熱、減壓

氫的儲藏、釋放能力：就體積來看，儲氫合金可儲藏、釋放體積1000（Max2000）倍左右的氫；但從重量來看，就只有儲藏、釋放儲氫合金的1～3%左右

038

在電動汽車的開發下，倍受矚目的鋰離子電池

最近在期許電動汽車、與可在家庭中充電的插電式油電混合車（PHV）能夠早日商品化的目標下，讓市場對於鋰離子電池的開發投注了熱烈期盼。其中特別是電動車，儘管有著行駛中毫無廢氣排放等極為環保的特性，但卻也有著每次充電的可行駛距離過短的缺點在。

翻開電動車的開發史，裡頭可說是一篇篇對實用化挑戰與死心的反覆過程。直到時代背景進入21世紀初期，由於能量密度極高的鋰離子電池的登場，才總算是讓電動車稍微帶了點真實性。鋰離子電池的能量密度，雖然可能會隨著今後的開發動向而有所變動，但光就現時點來講，就已經展示出比鎳氫電池還要大上數倍的數值了。

日本的汽車公司在電動車、PHV、以及鋰離子電池等方面的領域上，率先走在世界的尖端，三菱汽車、富士重工業、以及日產汽車等公司，皆試圖在2010年將電動汽投入市場發展。

現在正急速普及、由於高燃油效率而被稱為環保車起點的油電混合車，是在1997年開始商品化；只不過，就連當時開發出油電混合車的豐田汽車公司，目前也計畫在2010年期許商品化的PHV上搭載鋰離子電池。這種PHV是用100V的電源充電，在滿電狀態下可靠電力行駛的距離為23.4km，而根據日本國土交通省基準（JC08模式）的發表，燃油效率則是相當於每1公升汽油可行駛57km。

●油電混合車也開始將鎳氫電池改換成鋰離子電池
●鋰離子電池的能量密度為鎳氫電池的數倍之高

圖1 能量密度的比較

體積能量密度
鋰離子電池
鎳氫電池
鎳鎘電池
重量能量密度

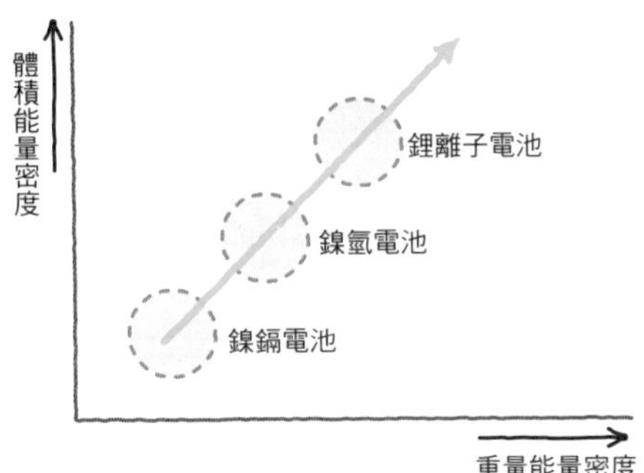

圖2 倍受期待的未來電池

參考資料：「二次電池的Q&A」小久見善八、西尾晃治 著（オーム社）

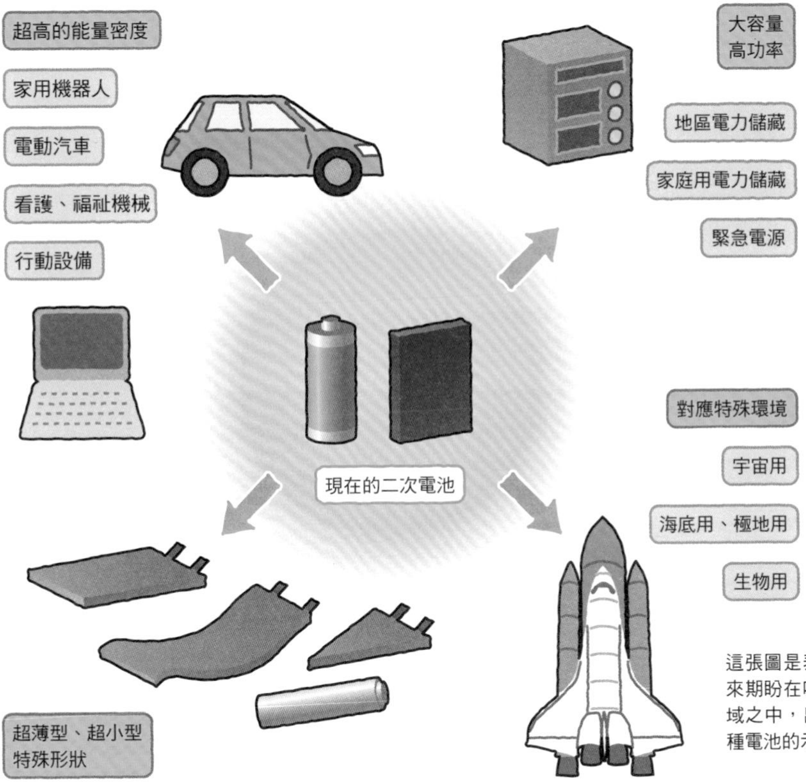

超高的能量密度
家用機器人
電動汽車
看護、福祉機械
行動設備
大容量
高功率
地區電力儲藏
家庭用電力儲藏
緊急電源
現在的二次電池
對應特殊環境
宇宙用
海底用、極地用
生物用
超薄型、超小型
特殊形狀

這張圖是表示將來期盼在哪種領域之中，出現哪種電池的示意圖

039 鋰的特性與鋰系電池

在對鋰離子電池進行考察之前，就先來介紹一下鋰（Li）這個帶有特異性質的金屬吧。鋰的原子序為3、原子量為6.941（密度0.53g／㎤），是種最輕的金屬。而在製造輕巧電池時，鋰的這種性質將會成為優點。

從元素週期表來看，鋰位於最左列（1族）從上數來的第二個位置。這也就是說，鋰與同一族的鈉、鉀等元素，都同樣屬於鹼金屬族。鋰比水還要輕，一旦接觸到水就會引起激烈反應，並在溶解的同時產生氫氣。這是由於鋰會被水氧化的影響；但換個角度來看，這也含有鋰把水還原的意思，因此鋰可說是一種還原力非常強的活性金屬。實際上，鋰甚至會和空氣中的水分產生反應，因此在處理時必須要嚴加注意。

金屬具有離子化傾向的化學性質，並會根據這種會經氧化形成離子的性質強度來區分金屬級別，而在其中，鋰則是離子化傾向最大的金屬。金屬的離子化傾向越大，在做為電池負極時，就會顯示出負極電位越低的傾向，使負極與正極間的電位差拉大。這也就是說，電池可獲得較高的電動勢。事實上，相對於鎳鎘電池與鎳氫電池的電壓約為1.2V，就連鉛蓄電池的電壓也約只有2.1V，鋰離子電池的平均放電電壓卻可有3.6V～3.7V的這種高電壓。光從這點來看，鋰也具備著極適合做為負極材料的性質。

然而，由於鋰會和水反應生成氫，因此無法像鉛蓄電池或鎳鎘電池那樣，使用水溶液做為電解質。

●鋰是還原力非常強的活性金屬
●鋰具備著做為負極材料極為優秀的性質

圖1 元素週期表

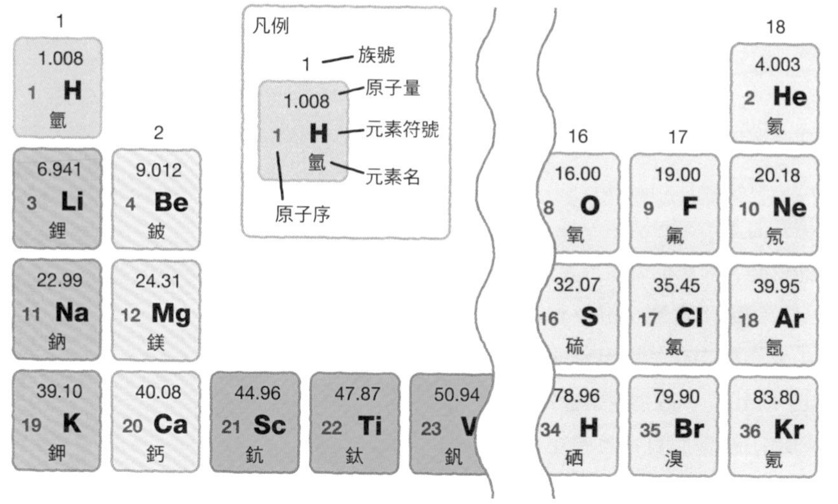

電池的電動勢為正極與負極的電位差，而鋰的還原力非常強，因此在將鋰做為負極使用時，將會形成非常大的電動勢

圖2 鋰離子電池的放電反應概念

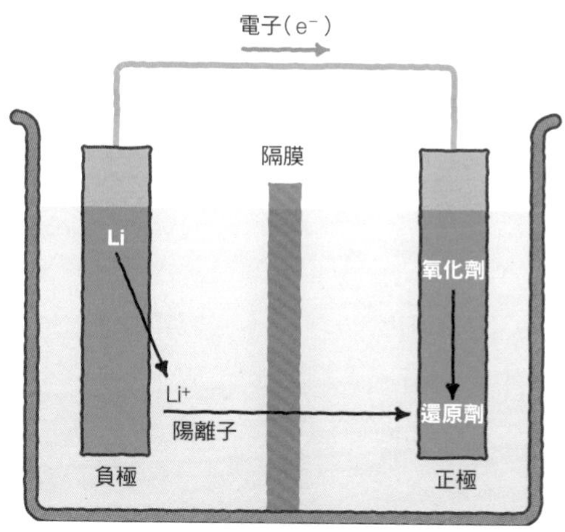

負極端的鋰會釋放電子到外電路中，形成鋰離子；正極端會接收電子與鋰離子，生成還原劑

040 鋰離子電池的充放電動作與特徵

那麼，接著就來看看最近嶄露頭角的鋰離子電池的特徵吧。先前說明過的鉛蓄電池，會把活性物質儲存在電極中，並將藉由放電反應形成放電生成物，儲蓄在電極表面上。至於放電程序，則是將形成的放電生成物，再次恢復成原本活性物質的反應。而基於儲蓄放電生成物的意思，這種電池也被稱為**儲備電池**。

至於鋰離子電池，就只會讓鋰離子在正極與負極之間往來，不會讓活性物質產生太大的變化。而基於這個特徵，這種電池也被稱為**搖椅式電池**（Rocking Chair Battery）或是**蹺蹺板電池**。

鋰離子電池的負極以及正極，分別是由碳的同位素——石墨（graphite，負極）以及氧化鋰鈷（$LiCoO_2$，正極）所構成。在充電程序中，氧化鋰鈷中的鋰離子會在外部電場的作用下與電子一起剝離，並經由電解質移動到負極端的石墨上。在此情況下，剝離的鋰離子量約為整體的一半左右，若是超出這個數值，據說將會導致電極構造破壞。相反地，在放電程序中，石墨上的鋰離子則是會往正極移動，並與電子結合恢復成原本的氧化鋰鈷。這些構成電極的石墨與氧化鋰鈷都會形成層狀結構。而由於鋰離子就僅會在結構夾層中移動，所以基本上是不會讓物質結構產生變化的。

鋰離子電池的優點，即是相對於單位體積以及重量的高能量密度。而基於這種優點，鋰離子電池就做為追求小型、輕量化的攜帶式電源，在1990年代開始迅速普及。

●鋰離子電池又稱為搖椅式電池
●離子僅會在夾層中移動，不會改變物質的結構

圖1 搖椅式電池

參考資料：『二次電池的Q&A』小久見善八、西尾晃治著（オーム社）

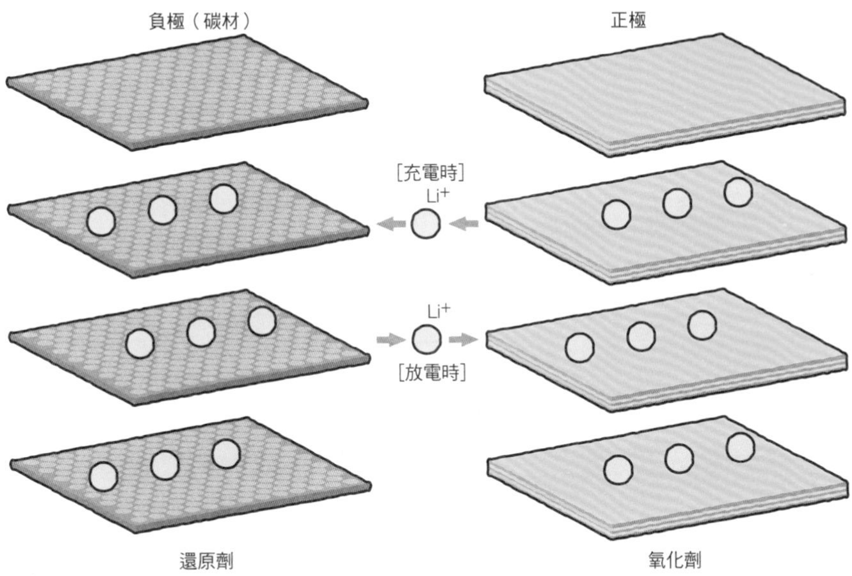

鋰離子僅會在正極與負極間往來，不會對活性物質產生太大的變化

圖2 鋰離子電池的反應

參考資料：『二次電池的Q&A』小久見善八、西尾晃治著（オーム社）

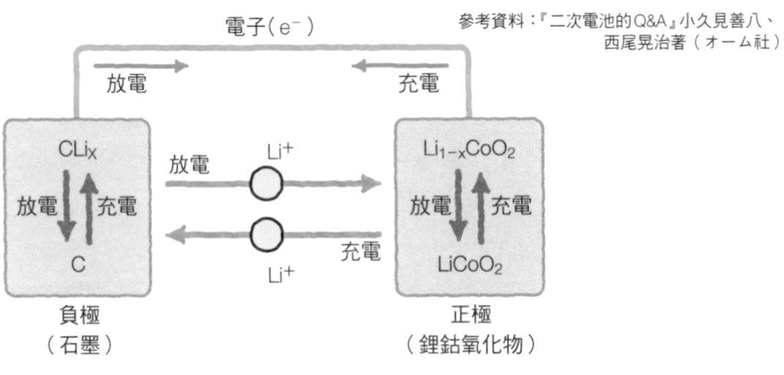

正極：$Li_{1-x}CoO_2 + xLi^+ + xe^- \longrightarrow LiCoO_2$

負極：$CLi_x \longrightarrow C + xLi^+ + xe^-$

041 鋰離子電池的起火事故與安全對策

能量密度和安全性，就原理上會形成相對應的關係。一般來說，高能量密度的機器或物質，安全性就會相對應的低下。由於鋰離子電池的能量密度高，加上是使用可燃性的有機溶劑，而不是像鉛蓄電池那樣使用水溶液系的電解質，因此將有可能會因為過充電、過電流、或是機械性衝擊等原因，導致發熱、起火之類的危險情況發生。鋰離子電池現在雖做為筆記型電腦或行動電話的電源在市面上普及開來，但當初在這些機器上，都曾有過發生起火事故之類的案例報告。

鋰離子電池的負極還原力以及正極氧化力都非常強，因此特別是在充電時，要是電極與電解液間產生異常反應，就會導致電解液的熱分解或氣化、進而發生電極的熱分解，引發**熱失控**的危險性在。而所謂的熱失控，就是當電池內部發熱時，溫度會隨著時間劇烈上升，並接連引發❶電解液與負極間的反應（80℃～）、❷電解液的熱分解（150～250℃）、❸電解液與正極間的反應（160℃～）、❹負極的熱分解（180℃～）、以及❺正極的熱分解（170～220℃）的現象。

做為鋰離子電池的安全對策，除了充放電控制開關外，還會準備溫度保險絲、測溫電阻器、電池保護IC、以及在超過設定溫度時會急遽增加電阻、壓抑電流的保護裝置（PTC裝置）。而另一方面，也有嘗試將電池的結構材料變更成更為安全的材質。這是不再使用有機電解質，而是改用更安全的固體聚合物、無機固態材料、凝膠或離子液體的試驗。為了能讓鋰離子電池成為更加安全、且能量密度更高的製品，如今正持續進行著開發研究。

●有時會因為電極與電解液間的異常反應而引發熱失控
●會導入保護裝置，並嘗試將結構材料變更成高安全性的材料

圖1 電池引發熱失控的機制

參考資料：『二次電池的Q&A』小久見善八、西尾晃治著（オーム社）

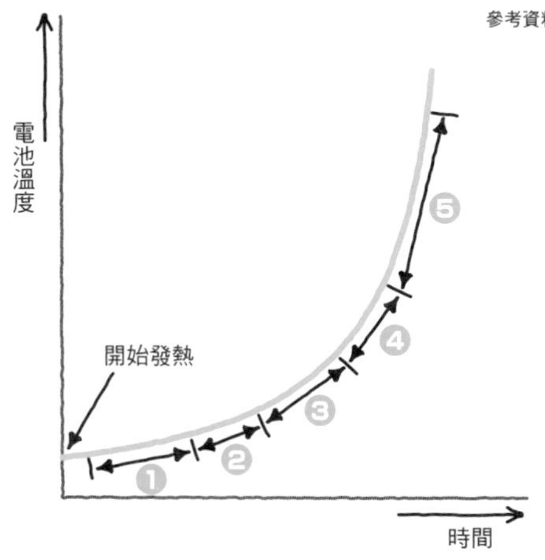

1	電解液與負極間的反應	80℃～
2	電解液的熱分解	150～250℃
3	電解液與正極間的反應	160℃～
4	負極的熱分解	180℃～
5	正極的熱分解	170～220℃

電池為何需要難燃化和固體化
必須要阻止電解液發熱反應引起的連鎖反應
在電解液的熱分解前，也有內壓上升的危險性在：揮發性
電解液會成為燃料：必須要有高熱穩定性、難揮發性、難燃性的電解質

圖2 鋰離子電池構造的範例之一

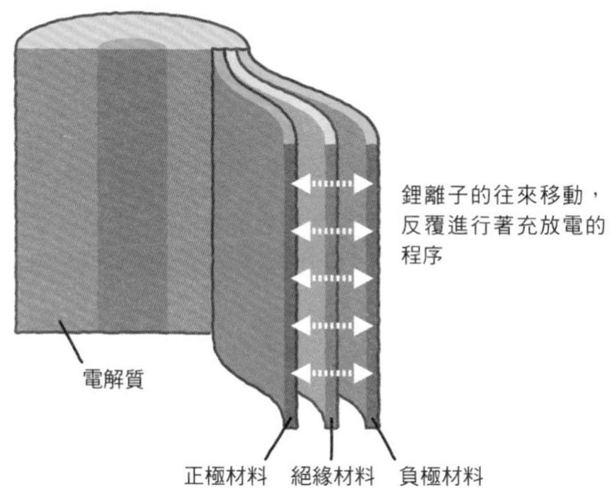

支撐智慧電網（次世代電網）的大容量蓄電池

二次電池的用途並不僅侷限於行動設備和電動汽車上。最近日本政府為實現低碳社會的目標，正在推廣大幅度採用太陽能發電或風力發電等再生自然能源的能源政策。然而，一旦將這些變動性大的自然能源與既存的電力系統直接連結，將恐怕會導致供需平衡崩毀、使系統電力的品質（電壓或周波數的穩定性）降低。為不使電力系統的品質降低、大量導入再生能源、並更進一步地讓需求方借助有效率的節電方式達到節能目標，名為**智慧電網**（次世代電力網）的技術，目前正在著手開發並摸索著導入方法。而所謂的智慧電網，即是指裝設有資訊網路、儲電裝置、直流設備等要素，具有高運用效率與高可靠性的電力配電網。

智慧電網為從太陽能發電等變動性大的電源中取得輸出與需求的平衡，就必須要裝設有大容量的儲電設備。而做為可滿足此要求的儲電手段，二次電池也被視為是種有力候補。

適合用在此目的上的二次電池，必須得滿足具有大容量與高充放電效率、長期運轉下的高安全性與高可靠性、保存容易、以及建設成本與運作成本低廉等條件。而在可滿足這些條件下受到世人注目的二次電池，則有**鈉硫電池**、**金屬空氣電池**、以及**氧化還原液流電池**。

其中的鈉硫電池，目前則已被日本電力公司引進使用。這是一種負極端使用鈉與不鏽鋼、正極端使用硫磺與石墨氈集電體，電解質為層狀結構的氧化鋁（氫氧化鋁），在350℃左右的高溫下操作的電池。

- 為大量導入太陽能發電等再生能源，儲電裝置是必不可少的
- 鈉硫電池目前已被日本電力公司引進使用

圖1 鈉硫二次電池的結構

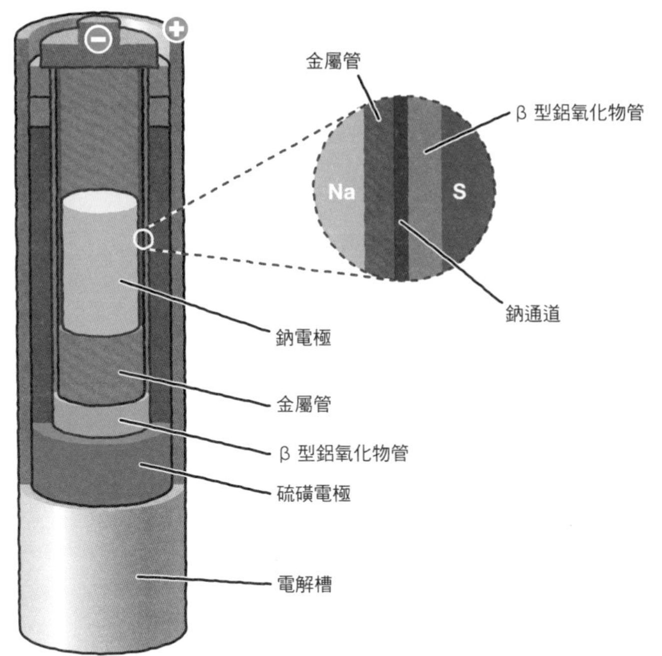

此款電池做為大容量蓄電用裝置的實績正在逐漸增加

圖2 自然能量發電與二次電池的配合

參考資料：『二次電池的Q&A』小久見善八、西尾晃治著（オーム社）

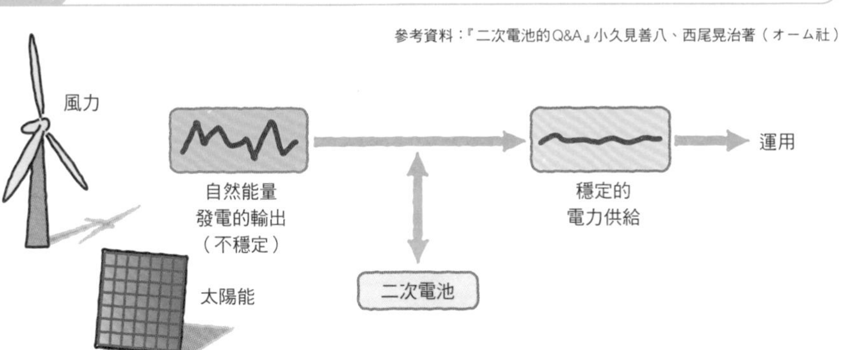

043 活性物質全存放在外部的氧化還原液流電池

金屬空氣電池的負極端為金屬，正極端活性物質（氧）則是攝取外部的空氣使用，因此保存在電池本體內部的就只有負極端的活性物質，讓能源密度大幅度的增加。鋅空氣電池就是這其中一例。這是種負極端使用鋅金屬、正極端使用多孔性質的鎳或碳，電解液使用氫氧化鉀水溶液的電池。可把這想成是一種類似鹼性燃料電池的運作型態。

此外，負極端以及正極端兩邊的活性物質，會各別保存在電池本體外部的二次電池，則有氧化還原液流電池。氧化還原（redox）是帶有還原（Reduction）與氧化（Oxidation）含意的詞彙。這也就是說，這種電池在負極端的電解液槽裡，由2價與3價釩離子（V^{2+}／V^{3+}）形成的氧化還原電對，會溶解儲放在電解液中；在正極端的電解液槽裡，則是會儲藏由5價與4價釩離子（V^{5+}／V^{4+}）形成的氧化還原電對。而電解液會使用硫酸－硫酸鹽水溶液。至於儲存在電解液槽中的氧化還原電對，則是會經由送液幫浦，隨同電解液從儲藏槽供給到電極端，並在電極反應過後，再次回到儲藏槽。就如以上所述般，負極端與正極端的氧化還原電對，會個別形成一個獨自的循環路徑。

在放電反應程序中，負極端的V^{2+}離子會釋放出一個電子形成V^{3+}離子；正極端的V^{5+}離子則會接收一個電子轉換成V^{4+}離子。隨著放電反應進行，在供給外部電力時，負極端儲藏槽的V^{3+}離子濃度將會漸漸提高、正極端儲藏槽的V^{4+}離子濃度也會隨之增加。在此反應下，電池可得到約為1.4V的電動勢。而在充電程序中，則是會進行與此恰好相反的反應；釩離子對的濃度也會逆向變化，恢復成原本的濃度成分。氧化還原液流電池會和電力線路互連使用。

- 金屬空氣電池是採用從外部攝取活性物質的方式
- 氧化還原液流電池指的就是進行氧化、還原反應的物質液流

圖1 鋅空氣鈕扣電池的概念

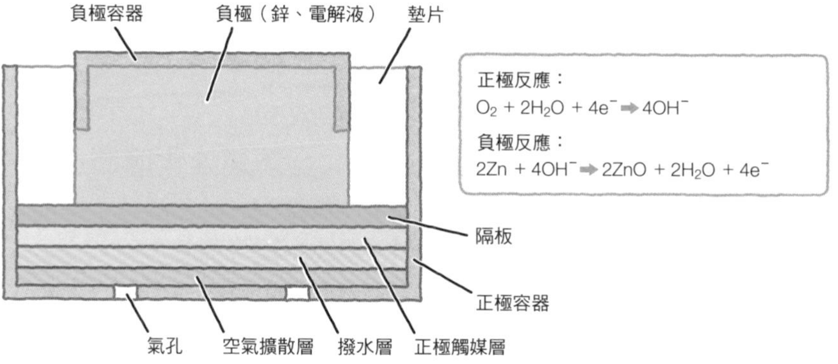

由於只需要負極活性物質，因此可提高能量密度

圖2 氧化還原液流電池的結構

參考資料：『二次電池的Q&A』小久見善八、西尾晃治著（オーム社）

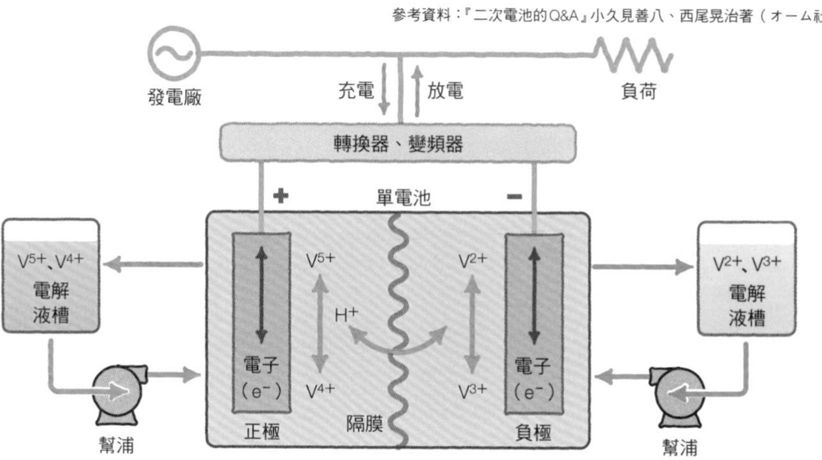

反應式： $V^{4+}+V^{3+} \underset{充電}{\overset{放電}{\rightleftharpoons}} V^{5+}+V^{2+}$

氧化還原液流（redox flow）
是指讓引起還原（Reduction）、氧化（Oxidation）反應的物質，進行循環（Flow）的意思

COLUMN

總整理

不論是燃料電池還是二次電池，基本上都是氧化還原反應

二次電池也和燃料電池相同，是以氧化還原反應為基礎。二次電池的結構是由相隔放置於電解液中的一對電極、與設於兩電極間的隔膜、以及連接電極的外電路所構成的。而這一對電極，在二次電池中就叫做正極與負極。

二次電池供給外電路電力的程序，是在負極進行氧化反應、正極進行還原反應，讓電流從正極往負極方向流動。這種現象就叫做「放電」;相反地，電池從外部電源獲取電力的反應，也就是所謂的「充電」。是在負極引起還原反應、正極引起氧化反應，讓電流從負極往正極方向流動的程序。因此，放電與充電的化學反應過程會是完全相反。

燃料電池在電極端進行反應的物質（氫與氧）是由外部供給，而二次電池參與反應的物質稱為「活性物質」，一般來說會與反應後得到的生成物，一同儲藏在電極與電解液中。會使用「正極活性物質」與「負極活性物質」這種表現方式，也是基於這個理由。至於充電程序，基本上則可說是一種將放電失去的活性物質恢復原狀的過程。

當活性物質溶解在電解液中時，會與反對側電極的活性物質接觸、引起直接反應，導致喪失活性物質（自放電）的情況發生，因此會在電解液中設置隔膜，以避免兩者的接觸。由於這就相當於燃料電池的電解質，因此除了會要求離子傳導性之外，還要能夠阻擋電子通過。

鉛蓄電池這類的二次電池，由於活性物質會在放電時形成「放電生成物」，並儲藏在電池內部，因此被稱為「儲備電池」;相對於此，像鋰離子電池這類的二次電池，則由於鋰離子僅會在電極間“往來移動”的關係，因此就被稱為「搖椅式電池」或著是「蹺蹺板電池」。

與生活息息相關的家庭用燃料電池

家庭用燃料電池的意義就在於，
可將發電過程中與電力一同產生的熱能提供給家用熱水與暖氣使用，
經由這種汽電共生的方式提高能源利用效率。
本章節就讓我們來針對家庭用燃料電池的特性、系統性能與問題點、
以及未來展望來進行考察吧。

044

家庭用燃料電池的推動普及，始於對抗全電化的念頭

在第一章的（014）篇幅中，已經介紹過家庭用燃料電池的使用概念。那麼，本章節就來針對家庭用能源與其比例、以及獲取手段來進行調查吧。

若將家庭用能源依照用途加以分類的話，首先第一項就是運用在照明、電視、冰箱等家電用品上的電力、第二項是供給沐浴、料理時必要溫水的熱能、第三項則是冷氣或暖氣等空調設備。其中的第二以及第三項需求，直到前幾年為止都還是以都市煤氣、液化石油氣、煤油等燃料做為供給主流，但最近利用電力供給的設備也多了起來，而**熱泵**就是這其中之一。

熱泵是種能以出色效率汲取大氣中的熱能，提供做為暖氣或熱水用熱源的裝置；不過一到酷熱季節，就會反過來地汲取屋內的熱空氣排放於戶外，成為能讓室內溫度下降的冷氣裝置。而在熱泵中負責運輸熱能的，則是一種名為**冷媒**的流體。

熱泵雖是透過電力運作，但由於熱泵技術的顯著進步，目前運作效率已達到非常高的程度。最近在節能的宣導口號下，名為**全電化住宅**的這種導入熱泵，用電力供給一切能源所需的住家開始廣為普及。而就能源供應業者的勢力圖來看，過去由瓦斯公司與石油公司獨占的熱能供給市場，如今也已被電力公司給奪走了。

想要將燃料電池導入一般家庭的這個念頭，就算說是起於瓦斯和石油公司等燃料供給業者對此所抱持的危機感，也一點也不為過。

●家庭中會同時使用到電能與熱能，因此汽電共生十分有效
●熱泵是藉由電力來供給熱能

圖1 熱泵的原理

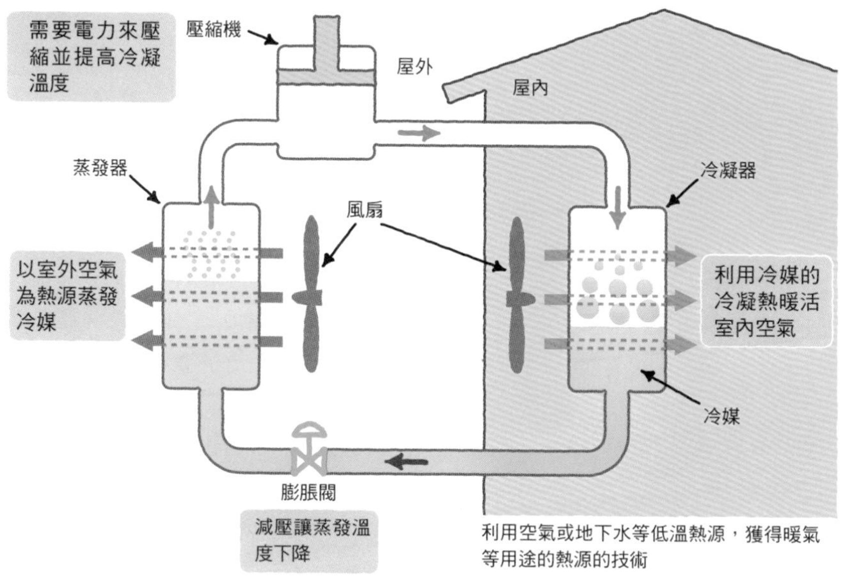

利用空氣或地下水等低溫熱源，獲得暖氣等用途的熱源的技術

圖2 全電化住宅的模樣

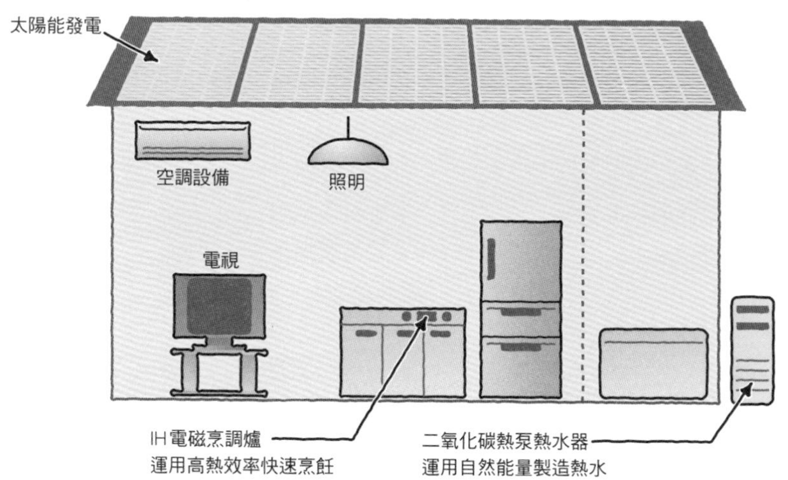

最近由於熱泵的性能提升，因此也有人提出，熱泵會比使用都市煤氣的汽電共生還要有利的意見

045 選擇固態高分子膜型的理由，是基於日本產官學合作計畫的實績

現在，主要是以「固態高分子膜型」做為家庭用燃料電池使用，這其中的理由則就如同以下述。首先第一點，是由於操作溫度低，因此可輕易啟動和停止，不需要太長的操作時間。儘管如此，但由於操作時間並不如電器那樣快速，一旦停止運轉，就需要若干時間來再度啟動；不過就如同（046）的篇幅所述，配合家庭那激烈變動的電力需求模式，反覆地啟動、停止燃料電池，就從確定可靠性與確保耐久性的觀點來看並不適當，因此燃料電池會維持一定的運轉模式，維持所謂的基本負載。

至於第二點，則由於電解質是採用固態的高分子膜，因此燃料電池的一切組件都會是由固體構成，不論是保存還是組裝都很簡單。這對於一般使用者（非專業）以及家庭常備的目標來說，是非常重要的必備條件。此外，家用機械除了要操作簡單外，最重要的必備條件就是要兼具可靠性與安全性，因此必須要能夠輕易維護才行。就根據新能源財團（NEF）的問卷調查結果來看，對於燃料電池應該改善的地方這點，指出“可靠性太低”的人是最多的，接著才是設備過大、以及經濟效應的問題。

第三點，是由於固態高分子膜的功率密度高，所以可達到精簡化。在考量到大多數的家庭，建地內的多餘空間都非常少的話，這將會是個極大的優點；只不過，家庭用燃料電池系統中也包含著伴隨電力一同提供熱能的汽電共生系統，除了本體（燃料處理裝置與發電電池堆）之外，還必須要裝設熱水槽設備。而由於熱水槽的體積龐大，因此最占空間的將會是系統本身。

- 家庭用燃料電池現在是以固態高分子膜型為主流
- 家庭用燃料電池基於汽電共生系統，因此必須要裝設熱水槽

圖1 家庭用燃料電池系統是

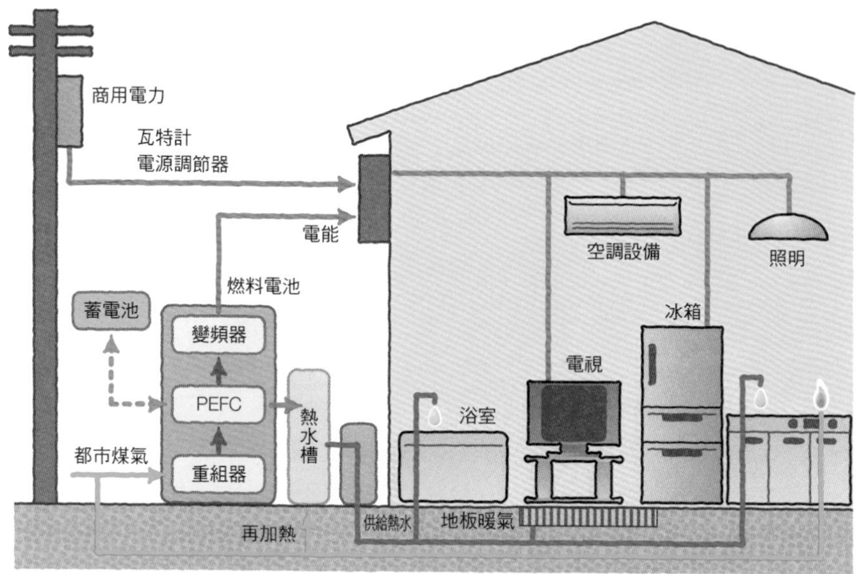

二氧化碳減量：可減少2150㎡的森林二氧化碳吸收量
節能：18公升桶裝煤油×18個／年＝324公升／年

可使用都市煤氣之類的燃料同時製造電力與熱水，因此具有高熱效率

圖2 使用固態高分子膜型做為家庭用燃料電池的理由

操作溫度低，啟動、停止容易

電解質為固態膜，因此可靠性高、也容易保存

功率密度高，可小型化。

046 燃料電池的發電量，適合用來供給基礎電力

家庭的能源用途，橫跨有照明、家電、廚房、熱水、冷氣與暖氣，而這些用途的平均需求量，比率最大的乃是家電與照明的34%，接著是熱水的30%、暖氣的22%、至於廚房與冷氣的需求量則皆為9%(以上為日本地區的數據)。在冷暖氣方面上的消費能源量，會隨著地區產生大幅度的變動，而冷氣的能源消費量較少這點，反過來說，則也暗示了寒冷地區的熱能需求較高。

在燃料電池的運轉模式中最重要的一點，就是電力與熱能的需求模式，不僅會隨著季節改變，就連白天時段也會產生大幅度的變動。根據舉辦家庭用燃料電池實證運轉計畫的能源基金會的報告表示，每日用電量最大的期間是在八月份，最小的期間則是在氣候優良的五月和十月份。另一方面，對於熱水的需求則是會在十二月到三月的冬季期間達到最大值，並在夏季的八月份達到最小值，其需求量約只有最大值的30%左右。

至於每天的用電模式，在深夜時段會幾乎為零，待早晨六點過後才開始竄升，並在中午期間稍微降低，直到下午五點左右才會再度增加，最後在晚上十點左右迎來頂峰。另一方面，熱能的需求變化則是比電力還要劇烈，會在早晨八點到十點的時段達到第一波頂峰，隨後會暫時下降，並在下午四點左右開始大幅度地爬升，於晚上十點左右達到頂峰值。此時的頂峰值，將會達到整天下來14小時需求值的3.5倍之高（以上為日本地區的數據）。基於這些條件，燃料電池的標準規格就會設定成，用燃料電池負責基礎的電力負載，再依靠既有的電力系統負擔用電量增加時變動的電力負載，並將產生的溫水儲存於熱水槽中，等需要時再予以提供的運轉模式。

●家庭的電力以及熱能需求，變動的起伏相當大
●燃料電池是用固定功率進行運轉

圖1 家庭電力以及熱能需求的年間變化

a 電力需求量與燃料電池的電力供給量（kWh／日）

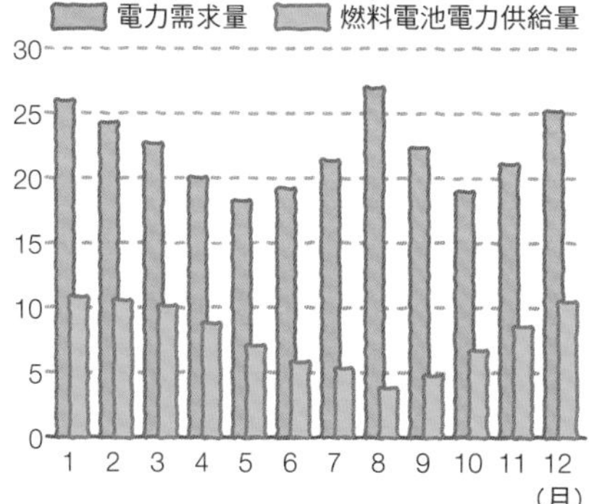

b 熱水需求量與燃料電池的熱水供給量（MJ／日）

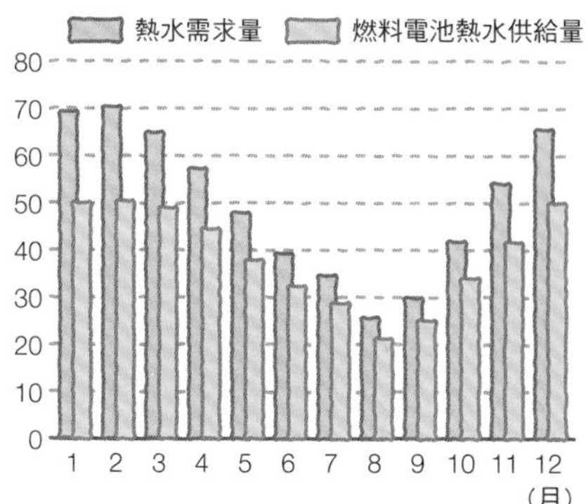

圖2 電力的日間負載變化與燃料電池運轉負載的關係

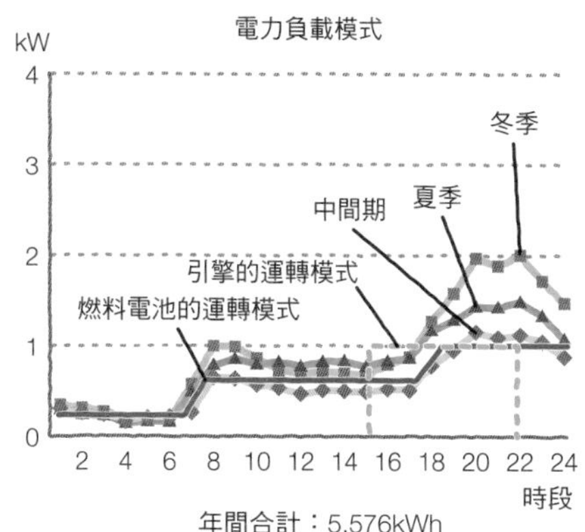

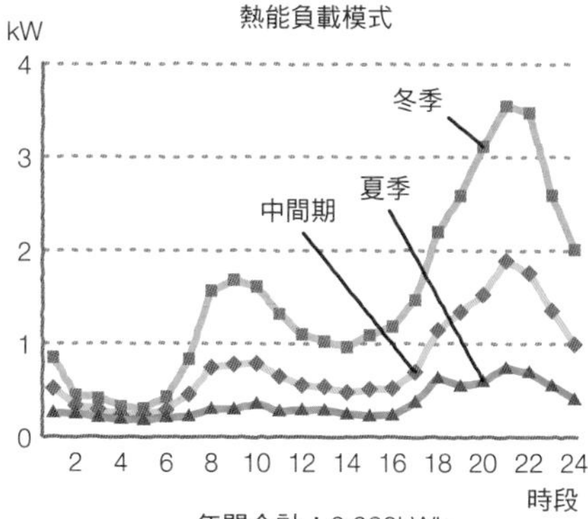

預設家庭：總樓面空間為150㎡的四人家庭

出處：財團法人產業創造研究所
平成9年家庭設置型小規模分散型能源系統調查報告書

現在雖然還無法實現，所謂的將燃料電池發電電力送往電力系統的電力回饋，但燃料電池也並非是完全無法承擔電力的負載變化，問題就在於要用何種容量的燃料電池，在何種程度的負載變化範圍下運轉，才會最具有經濟效應

047 額定功率會設為1kW，是基於電力與熱能需求量的比率

家庭用燃料電池的額定功率，在日本是設在750W到1kW的程度。在（046）的篇幅中，已經由觀察得知家庭的年間、日間用電需求量是如何變動的了，然而若想獨用燃料電池填補會在短時間內造成高負載的微波爐或乾燥機等機械的用電量，發電容量就必須達到3～5kW的程度。但若想要提高燃料電池的運轉效率，為求負載的平準化（讓電力消費的變動曲線趨於平順），那或許就必須得用到二次電池了。

美國的家庭用燃料電池由於是基於這種概念規劃的，因此設置在各個家庭裡的燃料電池，額定功率都會設定在5～6kW的程度。這可以認為是因為，美國主要是要把燃料電池運用在沒有電力輸電網的偏遠地區，外加上就算是有輸電網，輸電網也不太可靠的情況背景下導致的。然而日本的電力系統遍佈全國各地，並具有極高可靠性，因此可判斷出，把用電量的波動（包含在直流電中的脈動成分）部分，交給電力公司來負擔會是種比較聰明的做法。基於這種理由，日本地區就將燃料電池的額定功率設定在1kW級的程度上。

燃料電池的主要價值就在於，伴隨發電程序引起的發熱現象是可被利用的這點；然而，若想讓燃料電池配合電力與熱能雙方面的需求模式運轉，卻是件不可能的事。就固態高分子膜的情況來看，**熱電比**（熱功率／電功率）就僅有1或1.3的程度，在與過去販售的燃氣引擎在汽電共生下達到的2.8～3.3相比之下，顯得相當的低。這其中的理由，乃是因為燃料電池的發電效率比燃氣引擎發電機高的關係，因此對用電需求比熱需求大的家庭來說，使用燃料電池的能源利用效率，將會遙遙領先在燃氣引擎之上。

●日本地區將燃料電池的額定功率設定在1kW級的程度上
●固態高分子膜燃料電池的熱電比（熱功率／電功率）為1或1.3

圖1 汽電共生的綜合能量效率

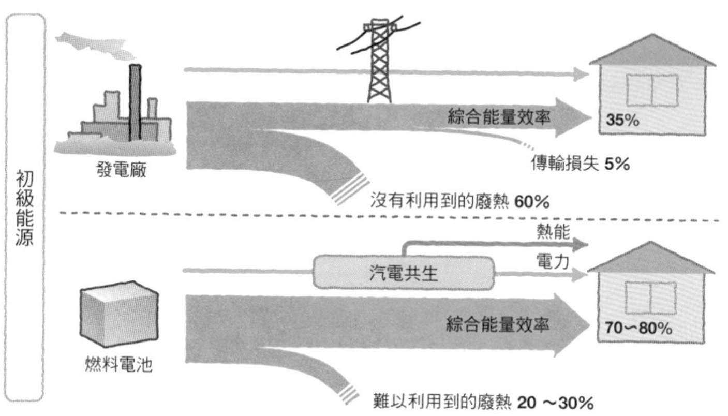

圖2 關於家庭用燃料電池的能源節約

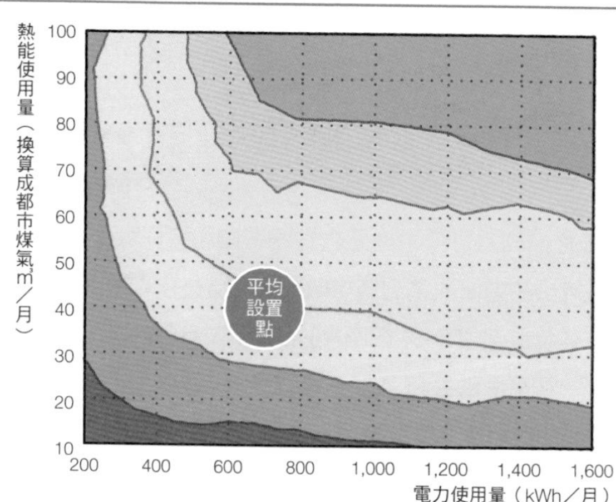

初級能源削減量（MJ/ 月）	換算成都市煤氣
2,000MJ 以上	44m³ 以上
1,500～2,000MJ	33～44m³
1000～1,500MJ	22～33m³
500～1,000MJ	11～22m³
2～500MJ	0～11m³
2MJ 未滿	–

平均的家庭（NEF的平均資料）
用電量約為700kWh／月
都市煤氣使用量約為40m³／月
（LPG（液化石油氣）則約為18 m³／月）

電力使用量或瓦斯使用量少的家庭，
會出現初級能量的削減（節約）
效果較小的傾向

平均的家庭都市煤氣消費量約為40m³／月（相當450 kWh左右），而相對於此，電力消費量則約為700kWh，熱電比則大約是65%左右，具有相當高的發電效率，而這也就是說，家庭比較適合使用熱電比較小的汽電共生系統

048 用電需求是冬夏兩季較高、熱需求則是夏季較低

有關於新能源財團在2005年到2008年的四年間，累積進行了3307台家庭用燃料電池的實證運轉的事情，已在（014）的篇幅中敘述過了。而此實績的統整資料，則是經由簡報會和該財團的網頁公開發表。根據這份資料，我們可得知燃料電池的設置地點（site），日本全國各地從北到南共有456個點，累積發電時間為1,847萬個小時，累積發電量也達到1,038萬kWh。如用發電量除以發電時間，理當可以得知平均的發電功率，而這個答案則為0.56kWh，因此可推定燃料電池是用額定功率的一半至六成左右的程度在做發電運作。

根據新能源基金會的發表，機械在2008年間的發電效率約為32%、導入燃料電池的節能效果約為20%、減碳效果約為33%，受到技術進步的影響，這些指標在這四年間也有了相當大的提升。

那麼接著就來調查一下，家庭的用電需求與熱需求會隨著季節產生何種變化，以及燃料電池又能填補這些需求到何種程度吧。家庭的每日用電需求，會在一月份時達到頂峰，並在五月份到六月份的期間內緩慢下降，等到六月份過後就開始急速竄升，在七月份到八月份的期間內達到第二個頂峰。隨後在夏秋兩季的期間內，用電需求就會開始下降，並從降到谷底的十月份左右到十二月份的期間內，開始再度爬升。在與電力相較之下，熱需求的曲線就顯得單純多了，會在冬季時高漲、夏季時低落，雙方的比率約為3比1的程度（以上為日本地區的數據）。

那麼，接著則是燃料電池對應用電需求的供給比率，在十二月份與一月份的寒冷時期約為40%，儘管會在沒太大變化的情況下推移到氣候優秀的五月份左右，但卻會在八月份的酷熱季節中變成18%，出現明顯的大幅度降低（以上為日本地區的數據）。這雖然是個顯而易見的結果，但卻也同時證明了，熱的需求越高、燃料電池就越能發揮效果的事實。

- 2005年到2008年的期間內，新能源財團共進行了3,307台燃料電池的實證運轉
- 熱的需求越大，燃料電池的價值（節能效果）就越高

圖1 燃料電池的發電與購買電力

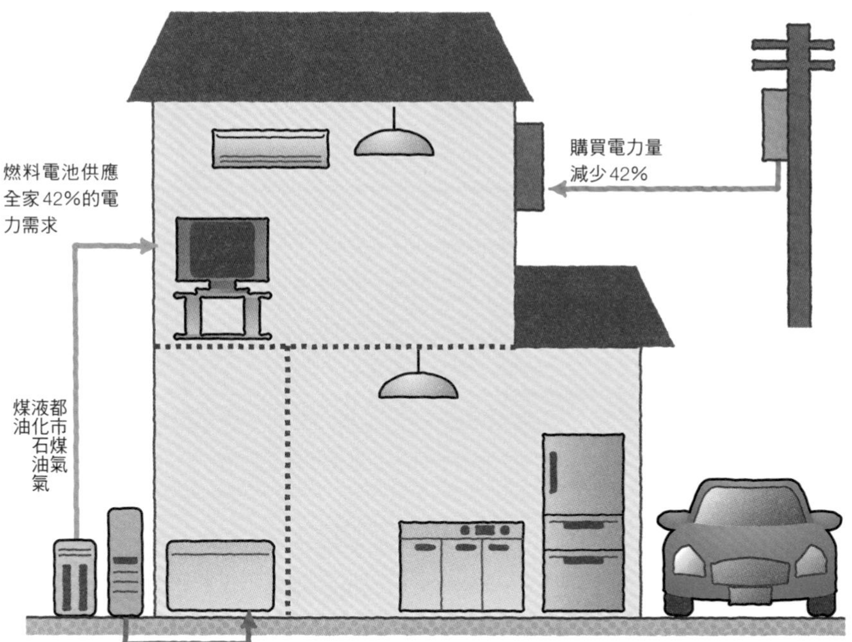

049 家庭用燃料電池的物質、熱能、與電力的流動

這裡就讓我們來追查固態高分子膜燃料電池的物質與熱能的流動，並針對為此設置的輔助設備來思考一下吧。會從外部導入系統之中的，首先是都市煤氣（天然氣）或液化石油氣之類的燃料，與除此之外的空氣、水、還有電力。電力雖然本是燃料電池的產物，但由於燃料電池在啟動時需要電力，因此會從電力系統中輸送電力過去。

接著就用如圖1般，使用以都市煤氣做為燃料的系統來做為範例說明。都市煤氣在被壓縮機升壓後，會經由去硫器投入重組器之中。至於這麼做目的有二，其一是做為產氫原料的燃料、其二是用來產生重組反應必要的熱能與水蒸氣的燃料。

家庭用燃料電池是採用水蒸氣重組反應，這是種基於「重組反應」、「一氧化碳轉化反應」以及「一氧化碳選擇性氧化反應」所構成的反應。其中的重組反應，是在650℃以上的高溫下進行、並且會在過程中吸收熱能的反應（這就叫做吸熱反應），因此在反應過程中必須得要具備高溫熱能。假如是高溫型燃料電池的話，由於燃料電池的操作溫度很高，因此可利用電池堆排放的廢熱；但固態高分子膜型的操作溫度就僅有80℃左右，導致電池堆的廢熱無法被利用，因此會燃燒部分燃料供給必要的熱能。

「S／C比」是關於系統運作的重要指標，是表示S（水蒸氣的供給莫耳數）／C（原燃料的含碳莫耳數）意思的一種參數。若想生成大量的氫，S／C值是越大越好；但S／C值一旦增加，製造水蒸氣的能量也會相對地增加，導致整體的效率下降。而就甲烷的情況，S／C值的標準值為3。

●家庭用固態高分子膜燃料電池會採用水蒸氣重組反應
●重組反應需要650℃以上的熱能，因此會燃燒部分燃料取得

圖1 家庭用燃料電池的能源和氣體的流動

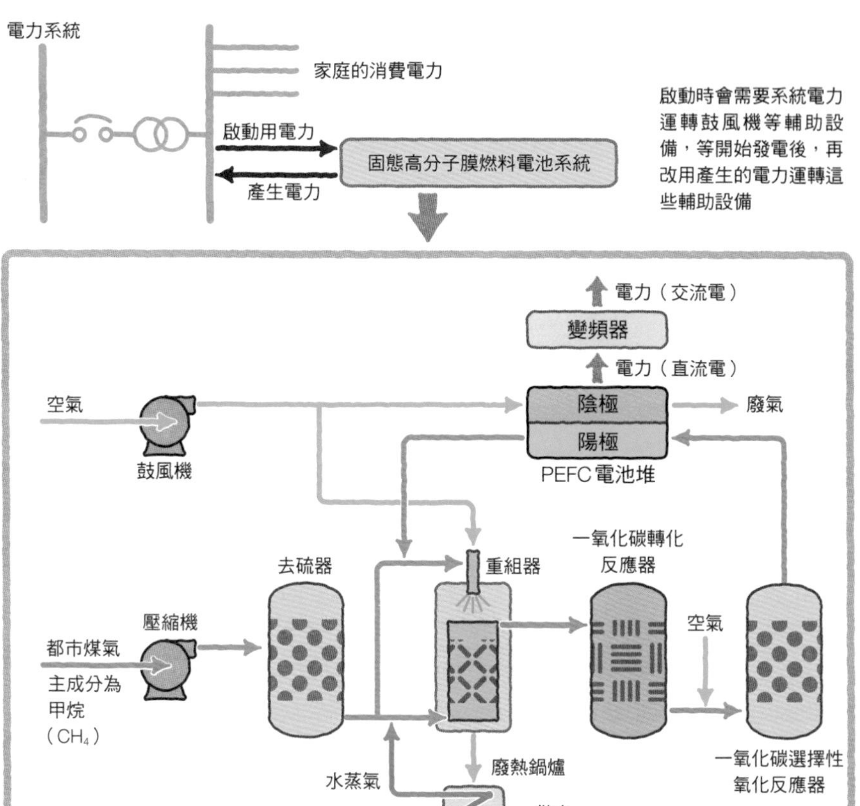

壓縮機：在都市煤氣的供給壓力不足的情況下使用
去硫器：使用去硫化劑除去加臭劑（硫磺成分）
重組器：讓碳氫化合物與水蒸氣反應生成氫
反應範例［$CH_4 + H_2O \Rightarrow CO + 3H_2$］
此時加入的水蒸氣量，是碳莫耳數的三倍左右
轉化反應器：將一氧化碳轉換成氫［$CO + H_2O \Rightarrow CO_2 + H_2$］
選擇性氧化反應器：將轉化反應後殘留的一氧化碳轉換成二氧化碳［$CO + \frac{1}{2}O_2 \Rightarrow CO_2$］

050 追查系統內的空氣與水的流動

空氣首先會經由過濾器除去雜質，隨後再導入系統之中。至於接下來的去處則可分為三種，第一種是在燃料電池本體的電池堆中，導入空氣電極的空氣、第二種是在燃料處理裝置中，送往提供重組反應熱能的燃燒裝置處的空氣、第三種是為使送入燃料電池堆中的重組氣體一氧化碳濃度降到10ppm以下，在選擇性氧化反應中做為氧化劑使用的空氣。

電池堆中堆疊了大量的單電池。而為使這些單電池能夠充滿空氣，會朝電池堆送入超量些許的空氣；然而相對於此，在燃料電極處未經反應利用就排出的氫，卻是會送往燃料處理裝置的燃燒裝置處，做為燃料運用。因此，若是空氣無法充分遍及全部的單電池，使未經利用的氫量增加的話，燃料的利用效率就會降低，最終導致燃料電池的效率降低。

在巡迴系統的物質流動中，最重要的要素就是水分。就如同先前所述，當氫離子從燃料電極端往空氣電極端移動時，也會同時帶著水分移動，因此必須得要確切地供給水分。另一方面，由於空氣電極也會隨著電極反應生成水分，所以加上和氫離子一同運送來的水分，就會造成水分的過量排出。基於這點，燃料電極端的增溼處理、以及空氣電極端的撥水處理，就將會是影響燃料電池性能的重要課題。一旦長期中斷增濕處理，電解質膜甚至有可能會因此劣化；一旦空氣電極端溢出大量水分，就很有可能阻塞住分隔板上的溝槽，妨礙空氣的流動。而這種現象就稱為「溢流」。其中水循環的必要性，有時也會衍生出棘手的問題出來。舉例來說，就像是在寒冷地區的冬季，燃料電池就有可能因為水的結冰而導致無法運轉。

●在燃料電極（陽極）端未經利用的氫，會在燃料處理裝置處妥善運用
●陽極端的增濕（水份）和陰極端（空氣電極）的撥水，是燃料電池的重要課題

圖1 家庭用燃料電池中的水與氣體的流動

參考資料：『圖解　燃料電池的一切』本間琢也 監修（工業調查會）

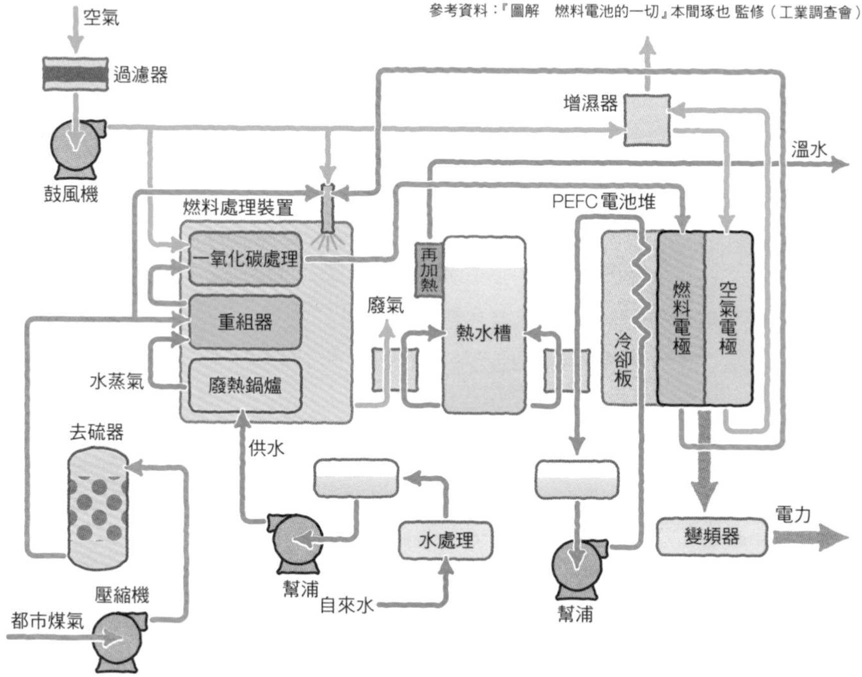

空氣
過濾器
鼓風機
增濕器
溫水
燃料處理裝置
PEFC電池堆
一氧化碳處理
再加熱
重組器
廢氣
熱水槽
冷卻板
燃料電極
空氣電極
水蒸氣
廢熱鍋爐
去硫器
供水
電力
變頻器
水處理
壓縮機
幫浦
自來水
幫浦
都市煤氣

熱水僅會使用必要的量，其餘的會儲放在熱水槽中。在想提高水溫時會進行再加熱

051 追查熱能的流動
廢熱回收裝置的功用

負責從電池堆中回收廢熱的廢熱回收裝置，在汽電共生系統裡，不僅可穩定地提供使用者熱能，同時還能讓電池堆保持在一定的溫度之下。然而將熱能從電池堆中運出的冷卻水，並不會直接儲存在熱水槽裡，而是會通過熱交換器將熱能移轉到自來水上，再將成為溫水的自來水做儲存。至於這麼做的理由，則是因為冷卻水是使用**純水**的關係。冷卻水會在電池堆中通過高電壓狀態的單電池，為了避免發生短路（short），因此必須使用不含雜質的純水才行。

熱水槽有著各式各樣的尺寸。倘若熱水槽的橫寬80㎝、深長35㎝、高1m的話，那麼這個熱水槽就能儲存60℃左右的熱水約200公升。而就如先前所述，燃料電池的電力與實際上的負載並無關係，是依照規劃的固定負載進行發電，不足的部分再從電力系統中購買。另一方面，則是會藉由儲藏熱能來調整功率與需求的關係。為應付熱水槽的水溫降低、水量不足，無法滿足使用者需求的情況發生，熱水槽會製成可再度加熱的型式。另一方面，空氣電極端排出的水分，會用來進行增濕處理（參照050）。

在電池堆中，分隔板會負責提供燃料、氫、空氣、水等等的通道空間。而由於分隔板要容納進高壓的氣體或空氣，因此會進行密封以防氣體外洩。此外，還會負責將各個單電池的電力串連起來。再來則由於會接觸到強酸性的電解質膜，因此會使用具有耐蝕性和高電導性的碳或金屬製造。一般是會使用碳與樹脂混合製成的**碳樹脂模具**，並會讓厚度盡可能地薄，製成3㎜以下的薄板。最近則基於要讓分隔板更薄的觀念，而開始把焦點放在金屬材質上。

●從電池堆冷卻水中回收的熱能，會儲存在水槽裡
●分隔板會形成燃料、氫、空氣、水等等的通道

圖1 固態高分子膜燃料電池的單電池構成要素

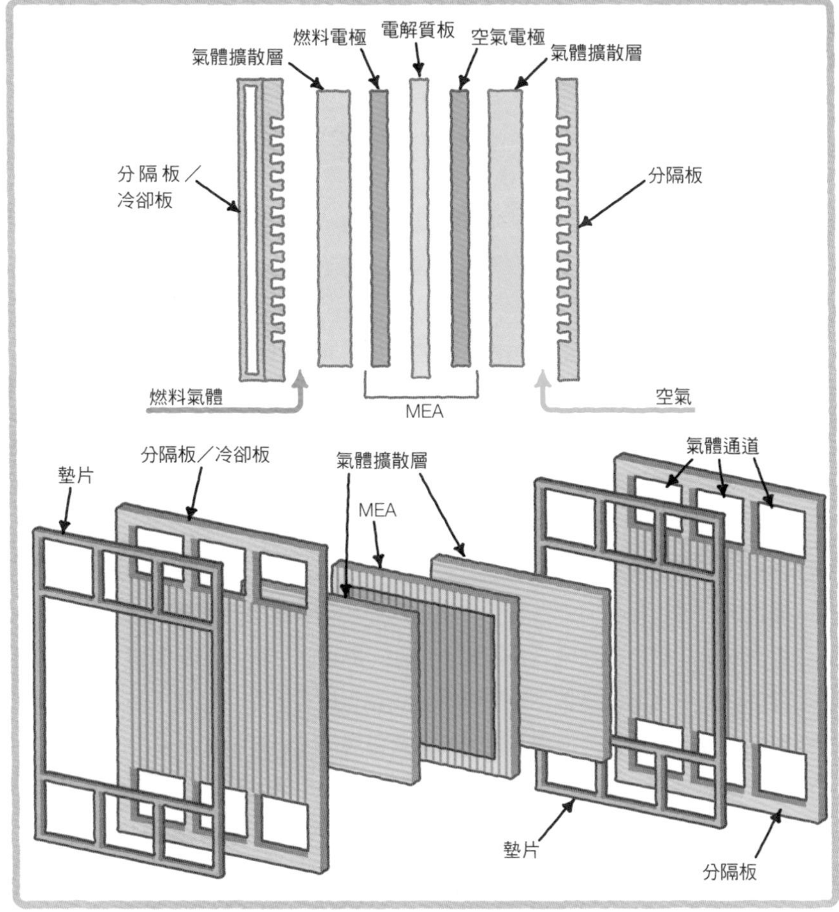

用上述所列的單電池構成要素反覆堆疊而成的裝置就叫做電池堆，由於各個單電池的電力會用串連方式連接，因此電池堆的電壓就會是單電池電壓×堆疊數目，並會在各個單電池上流通相等的電流

用語解說

MEA（Membrane Electrode Assembly）➔ 膜電極組

052 家庭用燃料電池的條件就在於，安全、安心、並能長久使用

對於家庭用燃料電池來說，最重要的條件就是「安全、安心、並且持久」。此外為求普及化，還會再要求價格低廉。然而「提高安全性、耐久性、以及可靠性」這個條件，卻會和「降低成本」這個條件形成一種權衡關係。這也就是說，倘若要滿足前者，那麼後者就會難以實現；倘若以後者為先，那麼就必須得犧牲前者的關係。

成本主要是依賴材料與生產技術，但若要提升可靠性與耐久性，那就必須運用相關學術知識解析劣化主因。為此目的，各大學院校與研究機關、以及產業界就共同建立了合作體系，外加政府單位的支援，眾人一同傾注心力地進行研究。然而在耐久性方面的問題上糾結了許多種現象，範圍還橫跨了電極觸媒、電解質膜等眾多部件。因此，必須要花上長時間來進行驗證。

話說到此，為求能在短時間內進行驗證，相關單位就開始檢討起加速試驗的方法。而加速試驗所指的，即是特意在過度嚴峻的條件下進行運轉試驗，藉此在短時間內闡明劣化原由的研究方法。舉例來說，就像是在高濕或低濕條件下進行運轉、在低電流高電壓的條件下持續運轉、反覆地啟動／停止機械、在供給單電池的氣體或水分中，混入金屬離子之類的雜質等等。

由於一般論述說來話長，做為其中一個例子，這裡就先來介紹膜汙染的機制吧（圖1）。當燃料電極受到空氣電極溢漏出的氧氣影響，產生過氧化氫（H_2O_2）時，若燃料電池端含有鐵離子之類的雜質，就會產生氫氧自由基（自由基）OH^-，攻擊電解質膜並導致針孔（小型孔洞）形成。透過以上描述，我們即可闡明電解質膜的劣化過程。因此，為避免水中有雜質混入，燃料電池就會導入用去離子過濾器過濾自來水的系統。

●家庭用燃料電池的基本是“安全、安心、持久”
●要提高耐久性，就必須得闡明劣化的主因

圖1 膜污染的機制

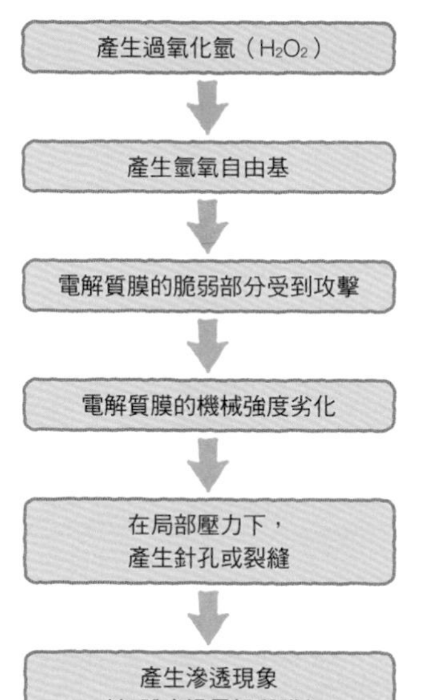

參考資料：『氫燃料電池指南書』
氫燃料電池指南書編輯委員會 編著（オーム社）

膜污染的加速試驗：在低濕、低電流、高電壓、高氧濃度等條件下運轉，就會促使電解質膜加速劣化。舉例來說，當單電池的運轉溫度為90℃、相對濕度為50%、反應氣體使用純氫以及氧氣進行運轉時，電解質膜的劣化速度就會加速100倍左右。換句話說，即可用1／100的時間得到試驗結果

053 想一想家庭用燃料電池的進化

現在的家庭用固態分子膜燃料電池，把低操作溫度視為是一種優點，但如今我們也明白了低溫操作帶來的缺點。從系統方面來看，由於反應溫度低，因此得要嚴加限制重組氣體的一氧化碳濃度，也難以減少鉑觸媒的用量；從使用者方面來看，由於供給溫度低，因此利用範圍有限，必須裝設有大型熱水槽等等。

話說到這，目前正在著手開發和固態高分子膜型同樣使用離子交換膜、操作溫度範圍為120℃～180℃的中溫型燃料電池。此款電池的操作溫度範圍雖然和200℃的磷酸型接近，但卻是以磷酸型無法實現的小型化燃料電池為開發目的。此外，目標是把在極高溫度下運轉的固態氧化物燃料電池，運用在家庭方面的開發動作，最近也開始加速，並隨著技術的進步，最快甚至可期待在2012年達到商品化。

在本章節過後，預定會對家庭用燃料電池系統今後的發展進行考察，但在這之前就先來預習一下，成為比較基準的固態高分子膜燃料電池的特性與結構吧。

電解質膜所要求的性能有❶化學性質穩定❷氫離子（質子）的導電性高❸氣體的穿透率低❹製造方式與操作方法簡單又便宜等等。現在做為固態高分子膜使用的「聚全氟磺酸膜」，由於氟原子會在碳原子周遭形成有如鎧甲般的保護，因此化學性質安定；此外，是由疏水性的鐵氟隆主幹與形成離子簇的側鏈區構成的。

●現在是以操作溫度高溫化的方向在著手開發
●家庭用固態氧化物燃料電池的開發正在加速進行

圖1 聚全氟磺酸膜的分子結構

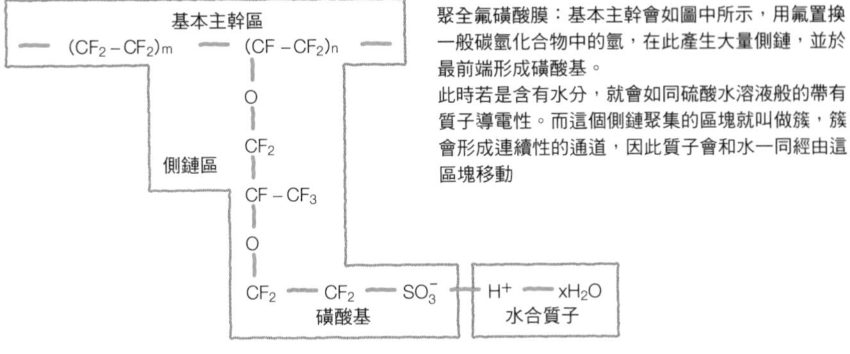

聚全氟磺酸膜：基本主幹會如圖中所示，用氟置換一般碳氫化合物中的氫，在此產生大量側鏈，並於最前端形成磺酸基。

此時若是含有水分，就會如同硫酸水溶液般的帶有質子導電性。而這個側鏈聚集的區塊就叫做簇，簇會形成連續性的通道，因此質子會和水一同經由這區塊移動

圖2 簇的概念

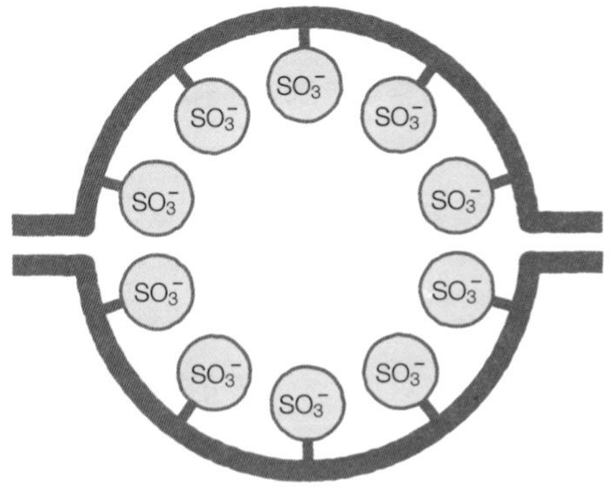

圖3 對電解質膜的要求

化學性質穩定

氫離子導電性高

氣體穿透率低

製造容易並且便宜

操作簡單。

054 中溫型燃料電池的開發案例

首先，就先對在前一章的高分子電解質膜說明中出現的專有名詞「簇」，進行補充說明。簇（cluster）原是指「集團」、「群體」的詞句，也是含有葡萄串意思的用語。重點就在於，只需把固態高分子電解質膜想成是在一個氟樹脂主幹聚集而成的主幹區（葡萄枝）上，懸掛著由側鏈（葡萄串）和側鏈上磺酸基（葡萄）構成的「簇區」的東西即可。此簇區會攝取水分，而其中的氫離子（質子）則是會和水分子一起傳遞磺酸基。

接著，在現已著手開發的中溫型燃料電池的案例中，電解質是使用在名為「聚苯并咪唑」（PBI）的物質中摻雜磷酸所製成的膜。其中磷酸的功用，是負責開闢出氫離子的通道。而這裡所說的摻雜（doping），原本指的是供給賽馬、賽狗服用的興奮劑，也是用來表示麻藥的用語。然而在這裡是做為「添加」的意思使用。

透過用磷酸溶液浸濕PBI膜的方法，每分子的PBI，最多就只能摻雜5或10莫耳的磷酸，然而德國化學公司——BASF公司，卻開發出可摻雜多達70莫耳磷酸的技術。而磷酸的摻雜量越多，就能讓越多的氫離子輕易穿過。

中溫型燃料電池的最大好處，就在於它不需要增濕處理。此外，對於重組氣體的含一氧化碳濃度限制，也比固態高分子膜型還要來得寬鬆，只要低於3%以下就不會產生問題。因此中溫型燃料電池，被認為可使系統製作簡單化、並且使設備更加精簡化。

- 氫離子會和水分子一起傳遞磺酸基
- 中溫型的電解質，會使用與固態高分子膜型不同的物質

圖1 固態高分子膜內的氫離子與水的移動

參考資料：『圖解　燃料電池的一切』本間琢也 監修（工業調查會）

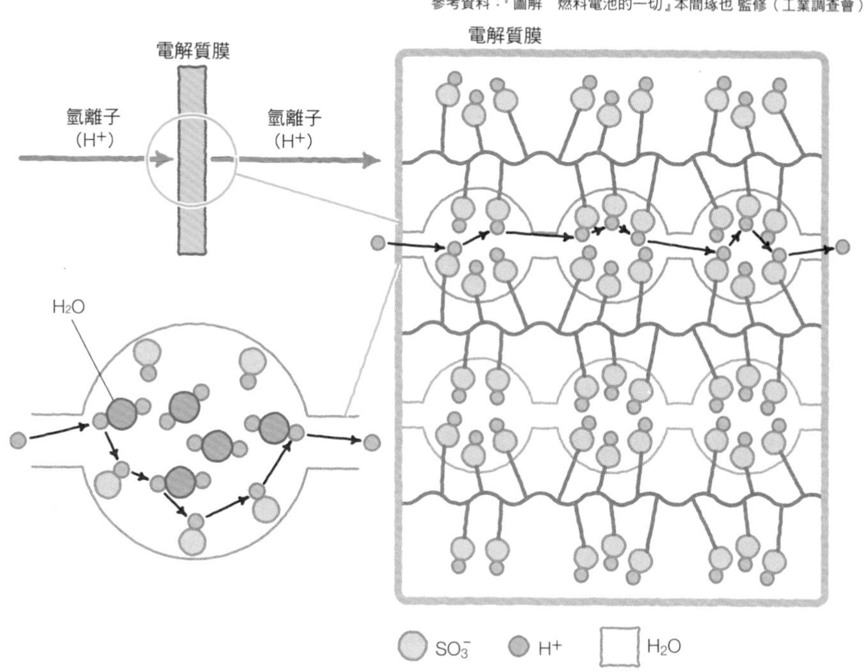

氫離子會和水分子一起在簇中移動

圖2 中溫型燃料電池的特徵

電解質膜：**使用摻雜磷酸的聚苯并咪唑（PBI）**

中溫操作的好處：**裝置精簡化**

無需增濕處理

燃料氣體可容許的一氧化碳濃度提高

體積能比磷酸燃料電池小。

055 固態氧化物燃料電池在家庭使用上的好處

固態氧化物燃料電池是在高溫下進行操作，因此當初實用化的方向，是預計做為大容量發電設備使用，然而現在則是以功率1kW級的家庭用燃料電池為目標在進行開發研究與實證運轉。而將固態氧化物型導入家庭中的優點，首先第一點就是它的發電效率高。固態高分子膜型的標準發電效率為35%，而固態氧化物型卻是以45%做為目標。而高發電效率，也就是表示在同等的燃料消耗下，可獲取的電力量增加，因此熱能回收量也會相對應的減少。然而不用說，由於電力作為能量的價值較高，因此這應該能提高它做為能量設備的價值。

已經商品化在市面上普及的燃氣引擎發電機「ECOWILL」，和先前介紹過的固態高分子膜型、固態氧化物型的這三種方式，在針對家庭用汽電共生發電的熱電比（熱功率／電功率）進行比較後，可分別得到3.25、1.29、0.66的估算值（表1）。就如同（047）篇幅中的說明，當熱能的使用量大時，能量利用效率也就會相對地高。因此，熱電比低（相對於熱能產生量，發電量比較大時）的情況，會因為其高能量利用效率而廣受歡迎。

第二個大優點，則是由於供給熱水的溫度高，使得熱能價值相對應的提高，並在擴大用途的同時，還能舉出可讓熱水槽精簡化的等等好處。而可減少容積的，也並不只限於熱水槽。就連燃料電池本體也因為不像固態高分子膜型那樣有嚴厲的一氧化碳限制條件、以及麻煩的水分管理要求，因此可讓系統本身達到精簡化。再加上，還可考慮讓重組器與電池堆達到一體化。就設置在家中的情況下，精簡化會有著決定性的優勢，因此將來甚至可望能設置在公寓或是集合住宅之中吧。

- 固態氧化物燃料電池為高溫操作，因此發電效率高
- 固態氧化物燃料電池的發電效率高，因此熱電比低

圖1 固態氧化物燃料電池的現場試驗機（大阪瓦斯、京瓷美達）

提供：大阪瓦斯

圖2 固態氧化物燃料電池的單電池外觀

京瓷美達開發的平板圓筒式單電池，是採用燃料電極置於內側、空氣電極置於外側的方式。做為連結材料的鉻酸鑭系合金，以及做為連接各單電池的鐵磁體系合金，會在暴露在空氣之中使用

提供：大阪瓦斯

表1 家庭用汽電共生的比較

	額定功率[kW]	發電效率[%]	額定熱功率[kW]	熱電比
引擎式汽電共生（ECOWILL）	1	20	3.25	3.25
固態高分子膜式汽電共生（目標規格）	0.7～1	35	0.9～1.29	1.29
固態氧化物式汽電共生（目標規格）	1	45	0.66	0.66

由於家庭中的熱需求並不會太大，因此熱電比較小的形式就比較能有效地利用能量

056 家庭用固態氧化物燃料電池的問題點

關於固態氧化物燃料電池在技術上本來的課題與問題點，已在第一章時有過考察。那麼，這邊就針對它做為家庭用燃料電池時的特有課題來進行檢討吧。首先第一點，是由於操作溫度高，得花費時間等待設備提高溫度，導致電池的啟動時間較長。此外在停止運轉的情況下，也無法讓溫度急速下降。而這也就表示著，此款電池無法迅速地啟動與停止運轉，所以家庭用固態氧化物燃料電池，就算是在幾乎沒有負載的夜晚時段，也會採用持續運轉的運轉模式。不過在毫無負載的時間點運轉，乍看之下會覺得是一種很大的浪費，但由於燃料在未發電時段的消耗量微乎其微，因此不會造成太大的損失。這是在長期實證運轉中所獲得證明的一點。

家庭用燃料電池最重要的課題，就是要確保高可靠性、長期耐久性、以及低廉的成本。而就固態氧化物型的情況，由於材質容易因為氧化或熱衝擊導致損傷，因此要確保長時間的耐久性可不是件簡單的事情；加上電池堆與周遭裝置大都使用陶瓷或耐熱合金，也迫使成本難以降低。

新能源基金會在2007年啟動的四年計劃中，開始進行固態氧化物燃料電池的實證運轉研究，且在2007年共有大阪瓦斯、東京瓦斯、新日本石油等六家公司參與這項研究計劃，總計提供了29台電池進行運轉實驗，累積運轉時間達到44,408個小時；此外，直到2009年為止，共有九家企業和六家廠商參加研究計劃，而在2010年3月底時，運轉的設備總計共有67台。藉由如此大規模的實證實驗的成果與分析，我們將可期待高效率並小巧精簡的固態氧化物燃料電池，能在不久的將來達到商品化的階段。

- 固態氧化物燃料電池難以啟動與停止，因此就算入夜也不會停止運轉
- 家庭用固態氧化物型的實證實驗，是從2007年開始的

圖1 實驗用集合住宅

大阪瓦斯在大阪市某處設立，設置有燃料電池的實證研究用集合住宅——NEXT21

提供：大阪瓦斯

表1 固態氧化物燃料電池汽電共生系統的實證試驗結果（大阪瓦斯、京瓷美達）

試驗實施者	大阪瓦斯、京瓷美達
試驗期間	平成21年11月～22年3月（2009／11～2010／03）
設置場所	大阪瓦斯實驗集合住宅
試驗裝置	1kW固態氧化物型
	發電裝置：48cmD×98cmH×70cmW
	熱水儲藏裝置：40cmD×145cmH×65cmW（100L）
	運轉溫度：750℃
試驗結果	運轉時間：約2000小時
	額定負載發電效率：49%
	實際負載的每日平均發電效率：44.1%
	實際負載的每日平均廢熱回收率：34%
	初級能源削減率：31%
	二氧化碳削減率：45%

COLUMN

總整理 家庭用燃料電池會與電力系統並聯運轉

家庭用燃料電池目前是以「固態高分子膜型」為主流。理由是因為這種電池的操作溫度低，可輕易啟動或停止運轉，儘管容量小，卻擁有高發電效率。外加上這種燃料電池的一切組件都是固體材料，讓它具備有可輕易運送、存放的高安全性，以及一般人也能輕易操作的優點。

構成家庭用燃料電池系統的主要組件為燃料電池堆（發電主機）、燃料處理裝置、廢熱回收裝置、熱水槽、以及變頻器，此外還包含幫浦或測量控制裝置之類的輔助設備。雖然在方才的描述中，曾提到固態高分子膜燃料電池可輕易地啟動或停止運轉，但由於負載變動劇烈的運轉模式會有損燃料電池的耐久性，因此會希望能盡量在固定負載的情況下運轉。為此，家庭用燃料電池會採用與電力系統並聯，依靠電力系統負擔電力變動的部分，再由燃料電池承受家中「基本負載」的運作方式，因此燃料電池最適當的額定功率就會是700W～1kW。

燃料處理裝置是從導入家庭中的都市煤氣、液化石油氣、以及煤油中取出氫的裝置，內部包含有去硫器、重組器、一氧化碳轉換器、一氧化碳消除器；廢熱回收裝置是將電池堆冷卻水運出的廢熱，利用在熱水供給上的熱交換器；變頻器是將燃料電池的直流電轉變成交流電的機器，是在燃料電池與電力系統並聯，一同提供家內電器用品交流電力時的必要設備；熱水槽為供應洗澡所需，在設計上會足以儲存200公升左右的熱水。

家庭用固態高分子膜燃料電池，在經由新能源基金會的大規模實證運轉後，已在2009年達到商品化。現在則是針對發電效率更高、並且可達精簡化的「固態氧化物燃料電池」，開始了以家庭用款式為目標的實證運轉研究。

在生活以及經濟活動上必不可缺的汽車方面的運用

將燃料電池做為汽車動力源的趨勢，
在1990年代提升至世界規模。
這是將油電混合車的汽油引擎置換成燃料電池的形式，
並會在車內儲藏做為燃料的氫氣。

057 燃料電池車（FCV）是個怎樣的車種？

燃料電池車就一如其名，是用固態高分子膜燃料電池做為動力源的汽車。由於燃料電池是種發電機，是靠發電的電力在驅動車輪，因此和電動車極為相似。燃料電池車在與汽油車相較之下，由於燃料電池是使用氫氣做為燃料，因此只需在車內裝載氫氣罐，就幾乎不會像汽油車那樣排放二氧化碳這種溫室氣體。此外也不會排放懸浮微粒、一氧化碳、氮氧化物等大氣污染物質。再加上是用馬達驅動車輪，使得噪音和震動的程度比引擎輕微，可謂是種非常環保的汽車。

燃料電池車大略來講，算是位在電動車與油電混合車之間的車種。在與電動車相較之下，就像是種把二次電池（battery）置換成燃料電池的汽車，但這並不是會完全排除掉二次電池的意思。若想讓燃料電池在最具效率的高功率條件下運轉，為取得供需平衡，就必須得裝設電力的儲存裝置；若想回收煞車時的能量做為電力儲存的話，也就必須得要有二次電池。而就這點來看，還不如說燃料電池車比較接近油電混合車的動力結構，甚至可謂是將油電混合車的引擎置換成燃料電池的汽車。

像這種動力源的變遷，只需瞧瞧汽車的發展史就能清楚明白。歷史上最為古老的電動車，早在內燃機出現之前的1870年代就已經存在了。而有趣的是，燃料電池的原理獲得證實的時間，是在更之前的1839年。至於電動車的缺點，如今也依舊如昔，那就是因為儲存電量少，導致行駛距離受到限制這點。

●燃料電池車是使用氫做為燃料，因此排氣十分環保
●是將油電混合車的引擎置換成燃料電池的車種

圖1 燃料電池車（Honda FCX）

提供：本田技研工業

圖2 燃料電池設備的搭載情況

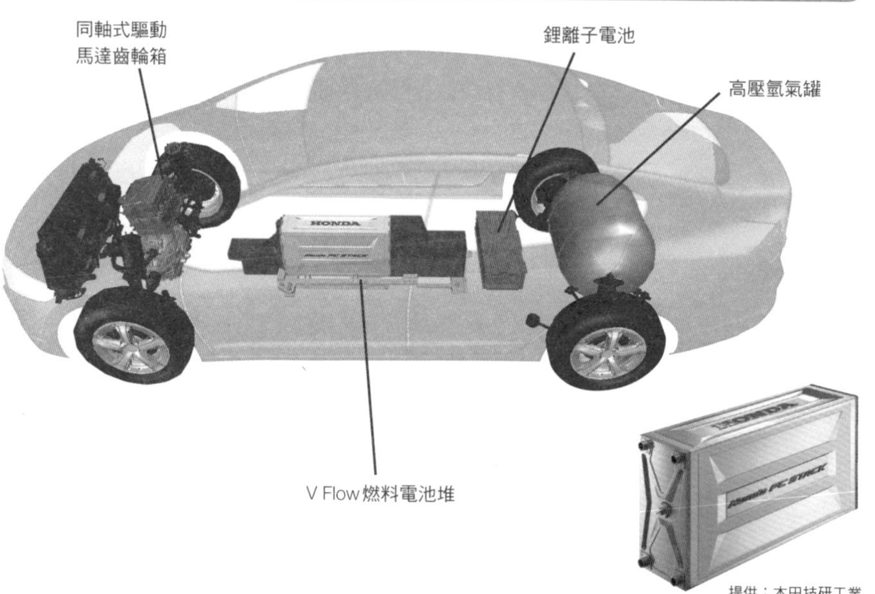

提供：本田技研工業

058 燃料電池車是裝載何種燃料？

在（057）的篇幅中，曾有提到電動車儘管比汽油車還要早開發出來，但結果卻是汽油車獲得壓倒性普及的事情。油電混合車則是這兩款車種的延伸，是為求大幅度地提升汽油車的燃油效率、製造出可減少環境危害的車子，在1997年經由豐田汽車開發、販售的車種。

另一方面，燃料電池除了宇宙開發用途外，就是以固定式（固定在地面上的設置方式）汽電共生裝置為開發主流，而做為汽車動力源的概念，在當初是完全沒有；只不過，在明白1987年加拿大的巴拉特公司，採用陶氏化學集團的氟系高分子膜做為電解質開發出的固態高分子膜燃料電池，具有操作溫度低、並有高功率密度和小型體積的優點後，燃料電池做為汽車電源的趨勢就開始急速高漲。

固態高分子膜燃料電池的燃料僅限於使用氫氣，但只要備有重組器，就可使用石油系的液體燃料。在對燃料電池車的實用化滿懷夢想的1990年代，分別針對直接在車上搭載氫氣、以及是藉由重組方式產生氫氣，在車上裝載甲醇或汽油這種液體燃料的這兩種方式，進行了實驗研究。而日本的豐田汽車、本田汽車、日產汽車、松田汽車、大發汽車等主要的汽車公司，也都對嘗試製造了這兩種方式的原型車，並進行了實證運轉實驗；只不過，液體燃料的重組方式需要高溫熱源，並會使裝置體積增大這點，造成了開發上的困難，由於如今還尚未發現到足以彌補這項缺陷的技術，因此現在主要是採用將壓縮氫氣儲藏在儲氣罐中使用的方式。

●當初曾研究過在車內進行液態燃料重組反應的方式
●現在是以將壓縮氫氣儲藏在儲氣罐中使用的方式為主流

表1 世界上的燃料電池車的開發狀況

廠商	發表年代	車輛	燃料電池功率	燃料供給方式
豐田汽車	1996	RAV-4改	20kW	儲氫合金
	1997	RAV-4改	25kW	甲醇重組
	2001	FCHV-3	90kW	儲氫合金
		FCHV-4	90kW	高壓氫氣
	2001	FCHV-BUS1	—	高壓氫氣
	2002	FCHV-BUS2	180kW	高壓氫氣
	2002	豐田FCHV	90kW	高壓氫氣
松田汽車	1997	Demio改	20kW	儲氫合金
	2001	PREMACY燃料電池車	65kW	甲醇重組
大發汽車	1999	MOVE EV-FC	16kW	甲醇重組
	2001	MOVE CV-K Ⅱ	—	高壓氫氣
日產汽車	1999	R'NESSA改	—	甲醇重組
	2000	XTTERA FCV	75kW	高壓氫氣
	2002	X-TRAIL FCV	—	高壓氫氣
本田汽車	1999	FCX-V1	60kW	儲氫合金
		FCX-V2	60kW	甲醇重組
	2000	FCX-V3	62kW	高壓氫氣
	2001	FCX-V4	—	高壓氫氣
	2002	FCX	78kW	高壓氫氣
戴姆勒公司 克萊斯勒集團	1994	NECAR1	50kW	高壓氫氣
	1996	NECAR2	50kW	高壓氫氣
	1997	NECAR3	50kW	甲醇重組
		NEBUS	190kW	高壓氫氣
	1999	NECAR4	70kW	高壓氫氣
	2000	NECAR4a	75kW	高壓氫氣
		NECAR5	—	甲醇重組
		JeepCommander2	—	甲醇重組
		Citaro	—	高壓氫氣
	2001	Sprinter	—	高壓氫氣
	2002	F-Cell	69kW	高壓氫氣
福特汽車公司	1999	P2000 Sedan	70kW	高壓氫氣
		P2000SUV	70kW	甲醇重組
	2000	Demo Ⅱ a	80kW	高壓氫氣
		FC5	—	甲醇重組
	2002	FOCUS	80kW	高壓氫氣
通用-歐寶汽車	1998	Zafira改	50kW引擎	甲醇重組
	2000	HydroGen1	80kW	液態氫
	2000	Precept FCEV	—	儲氫合金
	2001	Chevrolet S-10	—	潔淨汽油
	2001	Hydrogen3	129kW	液態氫
	2002	Hy-Wire	—	—
PSA汽車集團	2001	Peugeot Hydro-Gen	—	高壓氫氣
		Peugeot Taxi PAC	—	高壓氫氣
雷諾汽車	1998	Laguna改	30kW	液態氫
德國福斯汽車	2000	Bora Hymotion	30kW	液態氫
現代汽車	2000	Santa Fe FCV	75kW	高壓氫氣
巴拉特公司	1993	公車	120kW	高壓氫氣
	1997	公車	260kW	高壓氫氣

參考資料：『燃料電池的一切』池田宏之助 編著（日本實業出版社）

059 汽車搭載高壓氫氣的方法

燃料電池車就算要儲藏、搭載氫氣，受限於車內空間之下，燃料罐的體積就必須得盡可能的小型。此外要是重量過重，使得車身重量增加，那行駛時的能量消耗也就會相對應的增加，導致燃油效率或行車効率不佳。

在車內搭載氫燃料的方法，除了在儲氣罐中填裝高壓氫氣外，還有以液態氫狀態儲藏的方式、搭載含有氫分子的「儲氫合金」的方式、以及名為「熱壓縮儲氫系統」的新方式。

就目前來說，高壓儲氣罐是實用性最高、且最多汽車公司採用的方式。在使用高壓儲氣罐的情況下，氫氣的壓力一般會設在350大氣壓（35MPa），不過最近也有出現700大氣壓（70MPa）的儲氣罐。氫氣的壓力增加，氫儲藏量通常也會相對應的增加，然而氣體一旦達到如此高壓，理想氣體的法則也將無法成立，就算壓力提升為兩倍，從350大氣壓增加至700大氣壓，儲藏量也只會提升1.6倍左右。因此，只靠提升氣體壓力，所能大幅度增加的儲藏量的程度有限。而在此時登場的，則就是熱壓縮儲氫系統。這是種在高壓儲氫罐中裝入熱交換器與儲氫合金，藉此讓高壓儲氫罐的儲氫容量大幅提升的系統。

儲存有高壓氫氣350大氣壓以上的儲氫罐，一般會使用抗拉強度高的鉻鉬鋼製成的鋼製容器；不過也有市面上也有製造出，罐身採用薄鋁合金內管，並在外層包覆玻璃纖維或碳纖維，這種兼具輕巧與高強度的儲氫罐。

●氫氣壓力大多設為350大氣壓，但也有設為700大氣壓的
●也有使用液態氫或儲氫合金的儲藏方式

圖1 高壓儲氫罐的構造

參考資料：『燃料電池的一切』池田宏之助 編著（日本實業出版社）

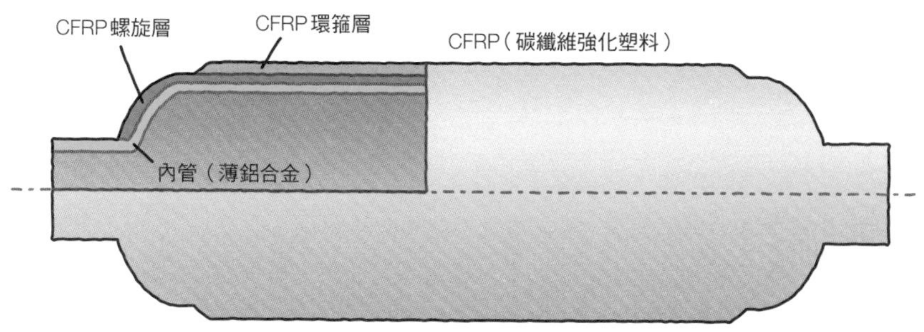

是在薄鋁合金製的罐身上包覆碳纖維，隨後用樹脂固定的儲氫罐，同時兼具輕巧與高強度。目前儲氫罐是以這種型式為主流

圖2 熱壓縮儲氫系統的結構

參考資料：『氫燃料電池指南書』氫燃料電池指南書編輯委員會　編著（オーム社）

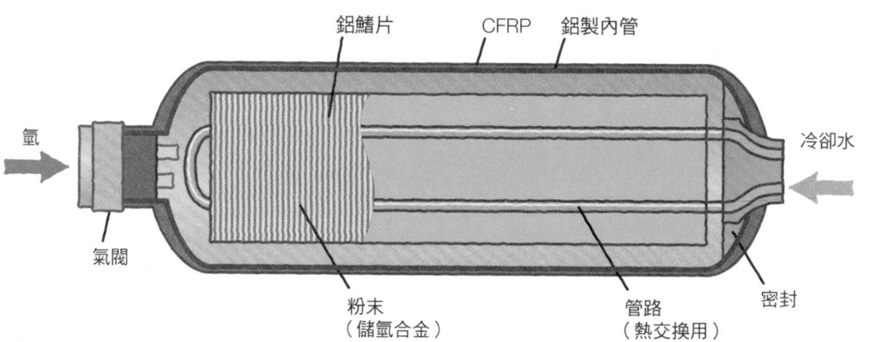

儲氫罐與圖1中的相同，而內部裝設有熱交換器和儲氫合金。儘管可提升氫填充效率，不過會導致結構複雜、重量增加

一般的高壓儲氫罐，是最實用的方式喔

060 藉由液態氫或儲氫合金儲藏時的問題點

透過液態氫儲藏的方式，由於能量密度高，因此具有儲藏容積遠小於高壓氫氣的優點。但問題就在於，為使氫能在常溫下保持液態，就必須要具有－253℃這種極低的溫度（稱為極低溫）。假如氫溫度高於此數值，就會蒸發成為氣體。然而要在車內長期保持這種極低溫卻是件相當困難的事，就算置之不用，每天也會有數%比例的氫化作氣體洩漏。而這種現象就稱為「汽化損耗（boil off）」。舉例來說，就是在你為到海外出差而開著燃料電池車來到機場，並把車停在機場的情況下，等到你回國之後，氫燃料就很有可能已經洩漏殆盡了。

儲氫合金是利用氫會被特殊金屬吸收的現象，試圖把氫的儲藏容積縮減得比液態氧還要小的一種嘗試。由於氫分子會沿著金屬的晶體結構規律排列，因此讓氫具有了極高的填充密度，然而儲藏重量卻會因為金屬本身的重量而增加。此外，金屬會在吸收氫時發熱，在釋放氫時則是必須反過來吸熱才行。因此，儲氫合金也有著要在車內裝設熱交換器等等，導致系統複雜化的缺點在。

作為範例，就來介紹一下豐田汽車在2001年製造的五人座燃料電池原型車——「FCHV－3」吧。儘管根據報告表示，此車款的最高時速可達150km、每次填充氫燃料的巡航距離可達300km以上、固態高分子膜燃料電池的功率可達90kW，但儲藏氫燃料的儲氫合金卻重達300kg，因此合金儲氫量的重量比就僅有2.2%的程度。

●態氫需要極低溫的環境，因此汽化損耗將會是問題所在
●儲氫合金很重，合金儲氫量的重量比就僅有2%的程度

圖1 氫被金屬吸收、釋放的機構

參考資料：『燃料電池的一切』池田宏之助 編著（日本實業出版社）

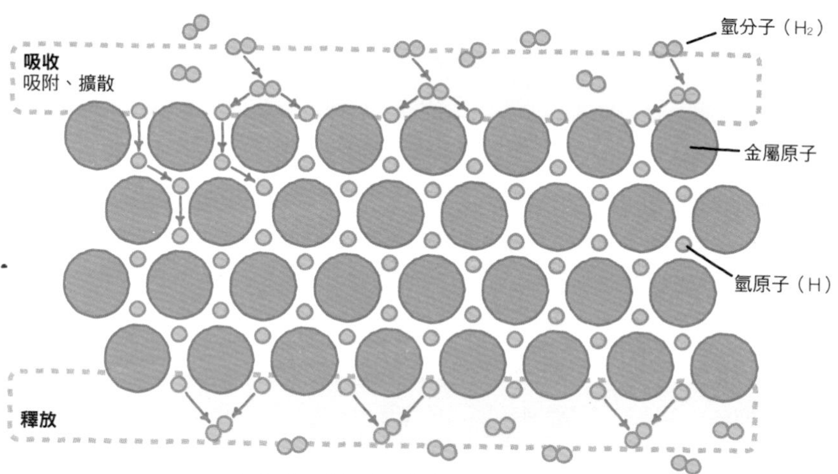

氫會以原子形態存放在金屬的晶體結構之中

表1 汽車用儲氫方式的課題

儲藏方式	課題
高壓儲氫罐	儘管高氣壓帶來的儲藏效益有限，但卻是最實用的
液態氫	儘管可縮減儲藏容積，但卻會產生汽化損耗
儲氫合金	儘管可縮減儲藏容積，但合金重量明顯過重
熱壓縮儲氫系統	需要熱交換裝置，導致儲藏系統複雜化

061 提供燃料電池車氫燃料的加氫站

提供燃料電池車、或是以氫為燃料的轉子引擎車氫燃料的設備，就叫做「加氫站（Hydrogen Station）」。對於提供汽油或天然氣的設施，日本地區會如同加油站（gasoline stand）或天然氣加氣站（natural gas stand）這般，習慣使用「stand」這個詞彙，但提供氫燃料的設備卻是使用「Station」這個名稱。可以認為這是因為氫燃料的供給設施，並不只是單純地替汽車填充氫燃料，設施內還會包含氫燃料的生成與精製程序的關係。

加氫站出現在日本地區的時間為2002年，且到2005年度為止，總共建設了14座加氫站。每座加氫站都具備替汽車填充350大氣壓的壓縮氫氣的能力。

加氫站具有多種類型。首先，可分為像是加油站那樣建設在固定位置上的「固定式」，以及在無氫燃料來源的地區、或是作為備用燃料的「移動式」。其中移動式加氫站的代表性設備，就是大陽日酸公司在日本霞關的官廳街建設並運用，負責供給公務車氫燃料的「集束（複數容器的集合體）壓縮氣體鋼瓶運送方式」設備。

接著，還有根據氫燃料來源的分類方式。其中第一種是將鋼鐵業、化學工業、煉油廠等處獲得的「氫副產品」（工業程序的副產品），藉由油罐車之類的交通工具運送、儲藏，隨後填充給汽車的類型；第二種是利用商用電源或太陽能發電產生的電力進行水的電解，藉此製造氫燃料的方式；然後第三種是透過重組程序，從我們身邊的甲醇、都市煤氣、輕油、無硫汽油、煤油等一般燃料中產生氫燃料的現場型（氫製造裝置是設置在加氫站內部）。

●加氫站可分為固定式與移動式
●固定式的氫製造方法，具有重組以及電解這兩種方式

圖1 加氫站的建設與運用狀況

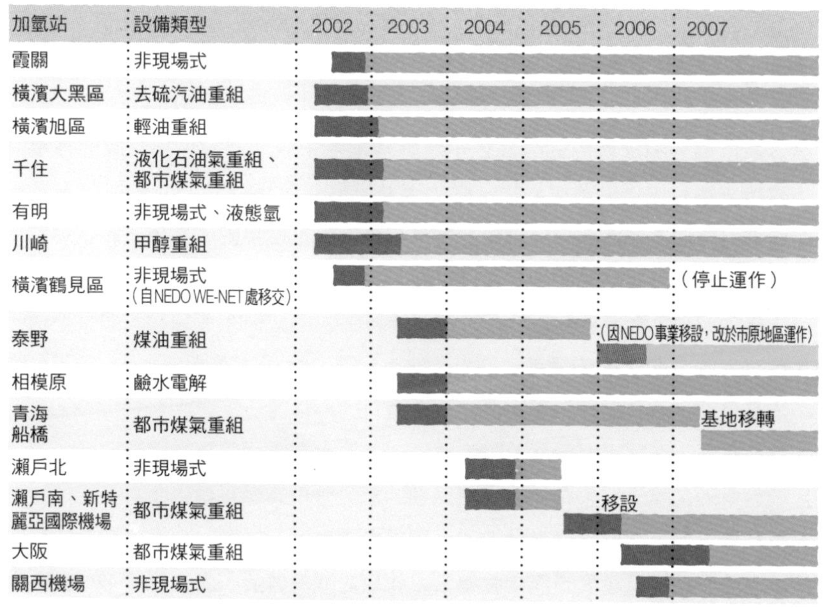

「非現場」是指加氫站中不具有氫製造裝置，是將他處製造的燃料氫運來填充的加氫站

圖2 使用燃料電池的氫製造系統（冷熱電共生系統）

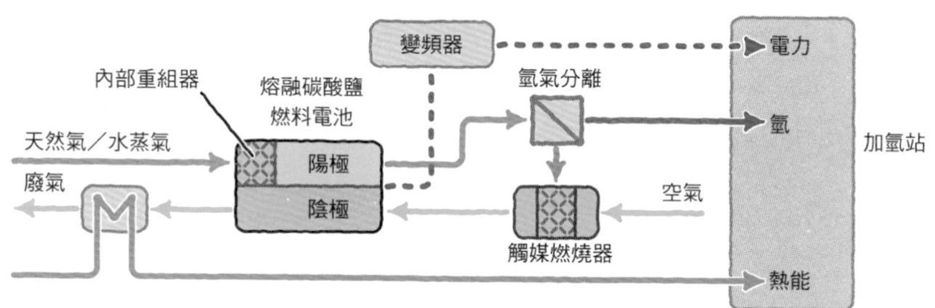

在加氫站中設置燃料電池，在提供電力的同時也提供燃料氫的系統，目前正受到世人的注目

062 燃料電池車所要求的氫是？

第二章所描述的家庭用固態高分子膜燃料電池系統，為避免鉑觸媒的性能降低，會要求燃料處理裝置達到把一氧化碳濃度壓抑在10ppm以下的這個嚴苛條件。而燃料電池車儘管和家庭用燃料電池一樣，都是使用固態高分子膜型燃料電池，但對於氫燃料規格的限制卻是極度嚴苛。

該規格就如表1所示。會要求氫的純度達到99.99%（four nines），而且不僅一氧化碳，就連二氧化碳的濃度也需在1ppm以下、水分則是在10ppm以下。那麼，汽車公司是基於怎樣的理由要求這種嚴苛的條件呢？

從儲氫罐導入汽車用燃料電池中的氫氣，並不會在電極端全數消費殆盡。就家庭用燃料電池的情況，未在電極端使用到的氫，會做為燃料重組裝置等處的燃料進行再利用；而就燃料電池車的情況，則是會讓氫進行循環，在燃料電池中形成一個再利用系統。這時要是氫中含有二氧化碳之類的雜質，由於雜質不會在電極端消耗掉，因此就會伴隨著氫暫時排出燃料電池，隨後再度回饋到燃料電池之中。在如此反覆循環之下，雜質的濃度就會逐漸提高、導致燃料電池的性能降低，因此會將氣體排出車外進行再處理的程序。氫是種貴重的燃料，為讓每次填充下的可行駛距離盡可能延伸，在把儲氫罐內的氫燃料消耗殆盡的前提下，就會要求如此的嚴苛條件。

燃料電池車每次填充氫燃料的可行駛距離，到2005年左右為止的上限是430 km，但在氫的填充壓力達到700大氣壓後，現在的可行駛距離已經可達到800 km了。

●汽車用燃料電池對氫的純度要求，比家庭用燃料電池還要嚴苛
●燃料電池車會將電極端未使用的燃料循環利用

表1 燃料電池車所要求的氫的規格

	JHFC	ISO
氫的純度	99.99 % 以上	99.99 % 以上
水分	10 ppm 以下	5 ppm 以下
氧	2 ppm 以下	5 ppm 以下
氮（包含He、Ar）	50 ppm 以下	100 ppm 以下
一氧化碳（CO）	1 ppm 以下	0.2 ppm 以下
二氧化碳（CO_2）	1 ppm 以下	2 ppm 以下
總碳氫化合物	1 ppm 以下	2 ppm 以下
硫化合物	0.004 ppm 以下	0.004 ppm 以下
其他	—	省略

ISO （International Organization for Standardization）
國際標準組織
JHFC （Japan Hydrogen and Fuel Cell Demonstration Project）
日本氫能燃料電池示範計畫

由於燃料電池車會意圖把裝載的氫燃料消耗殆盡，因此會極力要求降低雜質的含量

圖2 燃料氣體（氫）的利用方式比較

家庭用燃料電池
燃料氣體僅會通過燃料電極一次，因此不會提高雜質的濃度

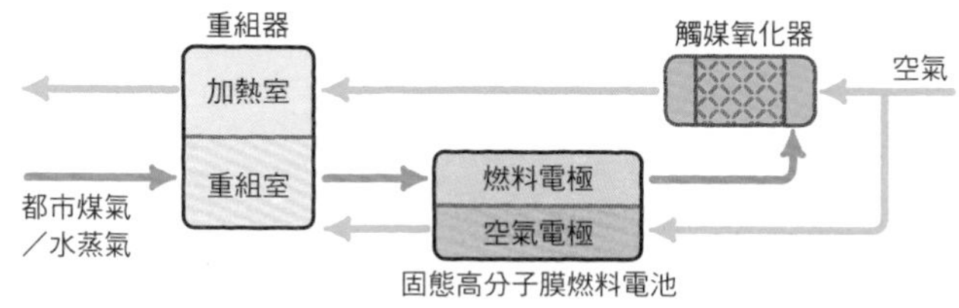

汽車用燃料電池
燃料氣體會反覆通過燃料電極，因此當氣體含有雜質時，就會提高雜質的濃度

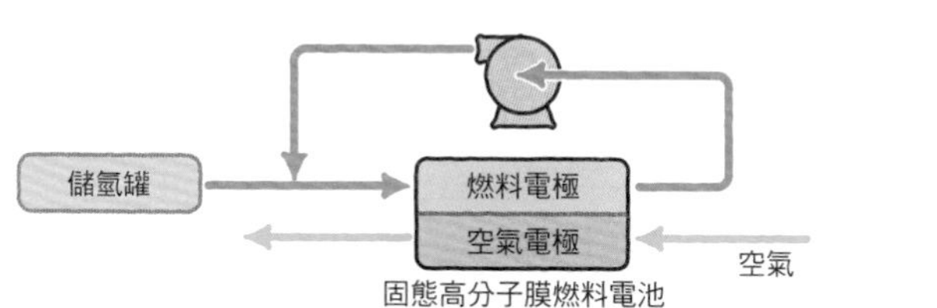

063 加氫站的系統構成

構成加氫站的主要設備，有氫壓縮機、儲氣設備、分配器、填充管以及安全裝置。為對燃料電池車填充350大氣壓的高壓氫氣，就必須先用氫壓縮機將氫氣壓縮至400大氣壓的程度，並儲藏在儲氣設備之中。儲氣設備通常是將數百公升的容器，大量集結在一個架子上的結構；分配器則是為在短時間內，替車輛的高壓儲氫罐填充氫燃料的裝置，裝有流量控制閥、壓力計、以及流量計；然後作為安全裝置，加氫站依法規定必須要具備安全閥、防火設備、以及警報設備。由於氫是一種容易外洩、並具有爆炸可能性的危險氣體，為了不讓操作者以及周遭居民感到不安，安全裝置可說是非常重要的設備。最主要的就是要在偵測到氫氣外洩時，能夠同時防止外洩；此外，由於氫氣在壓縮時會產生熱能，因此也必須要準備預防溫度上升的手段。

就如同（062）篇幅中的說明，燃料電池車所填充的氫氣，會要求不含雜質，並且要是純度非常高的氣體。氫氣雖是經由重組裝置，自天然氣或輕油等石油製品中產生的，但如此得來的氫氣，如今還是會含有相當多的雜質，因此必須要有提高純度的手段。由於家庭用燃料電池的消費氫量少，所以為要在各個家庭中裝設重組裝置，就必須要極力地縮減體積，然而加氫站就沒有這種限制了。加氫站由於可運用廣闊的空間來處理大量的氫，因此一般都會採用在此情況下具有高效率的一種名為PSA（變壓式吸附）的裝置。詳細的說明就省略不提了，總之這是種將氫氣中含有的二氧化碳、一氧化碳、水分、甲烷等各種雜質，同時藉由用吸附劑進行連續吸收的方式，高效率並且便宜地去除雜質。

●加氫站具有氫壓縮機、蓄壓器、分配器等設備
●氫是種具有爆炸可能性的危險氣體，因此需要安全裝置

圖1 千住的加氫站

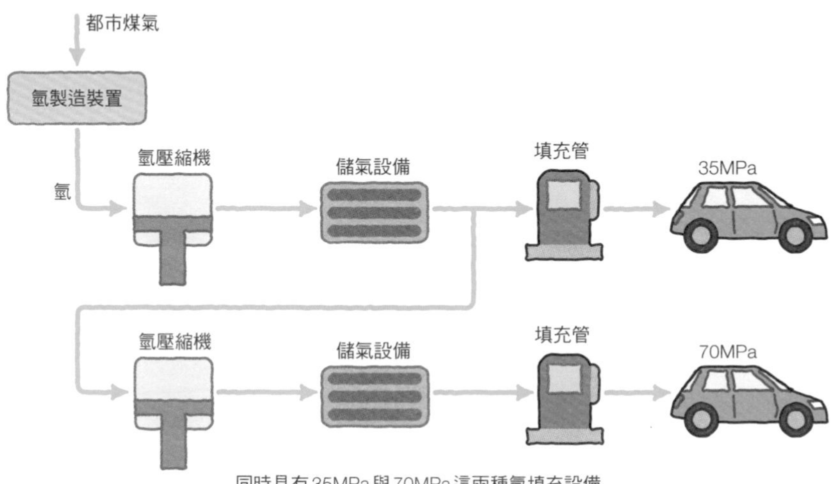

同時具有35MPa與70MPa這兩種氫填充設備

圖2 次世代的太陽能氫氣加氣站

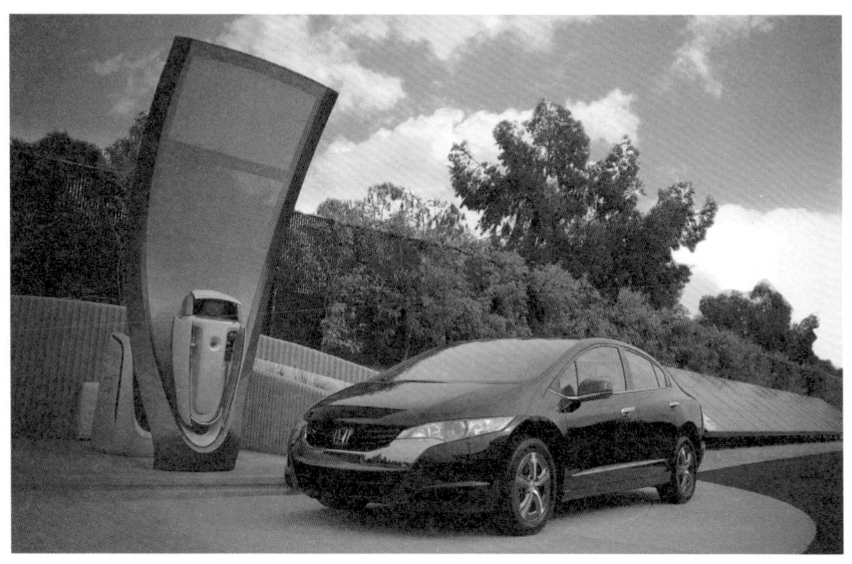

照片中是考慮到居家使用，由本田汽車開發的次世代太陽能氫氣加氣站，可藉由高壓水電解技術，讓加氫站無需使用壓縮機。電源是並用太陽能電池與商用電力，八小時可提供0.5kg的氫，約可供車輛行駛50km

提供：本田技研工業

燃料電池車的環境性能與效率的評價方法

燃料電池車在行駛時，就只會在大氣中排放出水以及水蒸氣，不會產生包含二氧化碳在內的環境有害物質。而這個事實，也是眾人之所以會重視燃料電池車的理由；但光憑如此，難道就可說燃料電池車的二氧化碳排放量為零嗎？而這個問題，也同樣可套用在最近正急速受到重視的電動車上。

燃料電池車和電動車，雖然直接排放出的二氧化碳氣體微乎其微，但要是在製造氫燃料或電力的階段使用化石燃料，並在過程中產生二氧化碳的話，那就不得不將這點也一同納入考量了。一般而言，氫是從天然氣這種化石燃料中產生的，因此會在這個階段中排放出二氧化碳；此外，就算是來自於太陽能發電、風力發電、核能這種潔淨能源中的氫，也會在加壓製成高壓氣體的過程中使用到電力。而電力在發電的階段，也會使用到化石燃料。

基於這些理由，我們在表示汽車的環境性能與能源效率（或稱為燃油效率）時，通常會分為「油井（well）至油箱（tank）」與「油箱（tank）至車輪（wheels）」這兩個區塊來進行評價。這邊提到的油井（well），是除了石油油井之外，還具有源泉意思的詞彙，因此也帶有燃料程序的原點之意。就習慣而言，會用「W－t－T」表示前者、用「T－t－W」表示後者，在指全部過程（油井至車輪）時則是會用「W－t－W」來表示；此外，在用來表示效率的情況時，W－t－T會用中文的「燃油效率」、T－t－W會用「車輛效率」、而W－t－W則是會用「綜合效率」表示。

表1是燃料電池車與電動車的綜合效率與二氧化碳氣體排出量的比較表。

- 儘管在行駛中不會排放出二氧化碳氣體，但會在氫的製造過程排放出二氧化碳
- 會用“油井至車輪”來表示車輛的環境性能或能源效率

表1 燃料電池車與電動車的比較

出處：荻野法一「電動車的開發狀況與未來展望演講資料集」2009年9月4日

項目		EV（電力）	FCV（氫）
綜合效率（well-to-wheels）		0.94MJ/km	0.99MJ/km
二氧化碳排出量（well-to-wheels）		49.0g/km	58.2g/km
汽車	巡航距離	100～200km	350～700km
	燃料補給時間	數小時	數分鐘
基礎設備	燃料輸送	電網	運氫車
	供給設備	投資報酬率小	投資報酬率大

用語解說

W－t－T（well to tank）→ 油井至油箱
T－t－W（tank to wheels）→ 油箱至車輪
W－t－W（well to wheels）→ 油井至車輪

065 氫很危險？關於燃料電池車的安全性

汽車的安全性，毋寧是個重要問題。就燃料電池車的情況，由於使用燃料是具有高爆炸危險性的高壓氫氣，外加上使用電機機械而有著觸電的風險，在安全性方面有著種種顧慮。氫在與空氣混合後，可燃的比率範圍非常廣，燃燒所需的能量（點火能量）也很低，因此被認為是種危險的氣體；只不過，氫也有著比重比空氣輕，就算洩漏也會立刻擴散的安全一面。因此，就算氫氣從停駐在地下停車場或車庫的燃料電池車中洩漏，只要空氣流通，導致爆炸產生重大危害的可能性，反倒會比汽油或液化石油氣等燃料還要低。

主要來講，要確保氫的安全性，重點就在於❶不讓氫氣洩漏、❷在氫氣洩漏時能迅速偵測、並遮斷氫氣的流動，以及❸不讓洩漏氫氣滯留和❹不讓外部的氫氣侵入電池內部。

然而，汽車是種會引發撞擊事故的高速移動物體，也有在隧道之類的地方被捲入火災之中的可能性。在這種情況下，會因為汽車使用氫燃料而導致危險性增加多少呢？根據國家政策，日本自動車研究所的研究員進行了模擬實驗。在此模擬實驗中，針對燃料電池車在遭遇撞擊或火災時，從燃料電池、燃料罐、氫氣管路等處洩漏的氫氣，究竟會提高多少危險性進行了一番分析。經此實驗分析下，可得知設有安全閥門的高壓氫氣罐，在受到火焰包覆約十分鐘左右，就會開始釋放容器內的氫氣，而因此造成的危險性，結論則是和汽油車與天然氣汽車相差無幾。

儘管還有另一個觸電的危險性在，但這點對油電混合車或電動車來說也是一樣。

●氫是種危險物質，但擴散得很快
●偵測氫氣洩漏和注意通風是首要重點

圖1 壓縮天然氣汽車用儲氣罐的測試內容

參考資料：『圖解　燃料電池的一切』本間琢也 監修（工業調查會）

測試項目	測試目的
常溫壓力循環測試	檢測容器在相當於15年左右（11,250次）的壓力循環下的耐久性
環境測試	假設容器的使用環境，在汽油、酸、鹼等環境下，進行－40℃、常溫、以及＋82℃的耐壓循環測試
壓裂試驗	檢測容器的最小破裂壓力
最小壁厚測試	在強化層受到容許損傷時，容器在15年左右的壓力循環下的耐久性
落下測試	確認容器是否能承受直到車輛搭載作業為止的衝擊損傷
火災暴露測試	假設汽車火災的狀況，確認容器是否能毫無破損的透過安全閥門釋放氣體
加速應力測試	在車輛使用環境的假設溫度上限（85℃）中，檢測纖維強化層的潛變抵抗
貫穿測試	確認容器儘管受子彈射穿，也不會破損導致氣體洩漏
氣體穿透測試	Type4容器專用。氣體穿透率≦0.25㎤／h
氣體循環測試	Type4容器專用。在最高填充壓力下循環1000次（每次/小時）

CNGV：天然氣汽車
上表是針對天然氣汽車的測試，在氫燃料電池車的情況下，還必須追加以下的測試：

1. 急速填充氫氣時的氣體溫度變化
2. 儲氫容器材料的氣體穿透性
3. 儲氫容器材料的氫脆化性。

「Type4容器」是將高密度聚乙烯製的內管，用碳纖維或玻璃纖維強化塑料全面性強化的容器

066 燃料電池車的歷史與發展經緯

世界第一台使用固態高分子膜燃料電池行駛的汽車，是德國戴姆勒汽車公司（當時的戴姆勒－賓士公司）在1994年製造的。這是一輛在車廂內載滿了800kg的燃料電池與高壓氫氣鋼瓶的箱型車，是輛與其說是汽車，還不如說是燃料電池載運車的東西；然而這輛車卻也讓全世界明白到，燃料電池是可以做為汽車動力源使用，而這點可說是件足以在燃料電池與汽車的歷史上永為流傳的劃時代創舉啊。

戴姆勒汽車公司將這輛車命名為NECAR1；只不過，要說到燃料電池車史上的實用車先驅，那就該是該公司在1996年所製造的NECAR2吧。這輛車藉由把氫氣鋼瓶設置在車頂、以及採用巴拉特公司製造的小型化固態高分子膜燃料電池為動力源，確保了六人座的乘車空間。

而日本在過去也曾私下進行燃料電池車的開發計畫。在1996年時，豐田汽車製造了用儲氫合金儲藏氫燃料的燃料電池車，並配合同年舉辦的世界電動車大會暨展覽會，在大阪的御堂筋大道上進行了遊行活動。隨後不僅是豐田汽車，就連本田汽車、日產汽車、松田汽車、大發汽車等公司，也分別在1999年間，接二連三地製造了以氫做為燃料的儲氫合金型或甲醇重組型燃料電池車。

以這種創造性的活動為契機，讓世人對於實現燃料電池以及燃料電池車的期待感急速高漲，最終在世界先進工業國的官民齊心下，加速了燃料電池與燃料電池車的開發活動。在進到本世紀之後，豐田汽車與本田汽車所製造的燃料電池車，已在2002年開始租賃銷售，而日本政府也在同一年開始燃料電池車的實證運轉計畫。

●1994年，世界最早的燃料電池車誕生
●2002年，日本政府開始了實證運轉實驗

圖1　戴姆勒汽車公司製造的燃料電池車

NECAR1
提供：梅賽德斯-賓士日本公司

NECAR2
提供：梅賽德斯-賓士日本公司

圖2　以Mercedes-Benz Sprinter車款為基礎的燃料電池車

提供：梅賽德斯-賓士日本公司

067 為讓燃料電池車普及所必須克服的問題

為讓燃料電池車廣泛普及，必須要克服的難關共有兩個。其中一個是要確保耐久性，而另一個則是要降低成本。關於耐久性方面，目標據稱是要達到五千個小時。這在與家庭用燃料電池的十年使用年限、或是要實際運作四萬個小時相比，或許會讓人覺得是小事一樁，但由於汽車啟動與停止的次數頻繁，加上負載（功率）的變動幅度也很大，因而讓達成目標的條件變得十分嚴苛；而降低成本則是燃料電池車與家庭用燃料電池的共同目標，被認為至少要比現況再少兩個位數才行。只不過，降低成本的必要條件是要進行量產，但要進行量產，所需要的卻是降低成本所帶來的市場普及，因此成本與量產，可說是一種“雞與蛋的關係”吧（圖1）。

以上是在確立新技術時經常會有的議論，但就燃料電池車的情況，還具有另一種麻煩的“雞與蛋”——那就是燃料電池車和加氫站的關係。負責補充燃料的加氫站要是沒有廣泛地分佈開來，駕駛就無法安心進行長距離行駛；反過來站在加氫站的角度，要是燃料電池車沒有普及，那就無法賺取營運上的利益，因而導致加氫站普及的停滯不前。況且就現況來看，投資加氫站必須要花費加油站三倍以上的金額，這對經營層面來說應該是個相當嚴峻的成立條件吧。

而不受這種“雞與蛋”關係拘束的系統，則是一種名為「車隊（fleet）」的汽車運用方式。Fleet原本是表示「艦隊或公司所擁有的全部車輛」含意的詞彙，但這邊則是表示，一種將經營者所持有的複數車輛在特定地區內進行運用的方式，郵局或宅急便的貨運車、機場內部接送乘客的中型客車、以及計程車等等，就相當於是使用這種方法。

●為達普及效果，確保耐久性與降低成本是必不可少的
●燃料電池車與加氫站的建設是種兩難推論（dilemma）

圖1 兩種雞與蛋的關係

不進行量產，就無法降低成本

要達到足以量產的販售額，價錢就必須要便宜

沒有加氫站，就沒有人買燃料電池車

沒有燃料電池車，就沒有人會蓋加氫站。

圖2 貨運車

由於只會在限定地區內進行巡迴服務，就算僅有一個加氫站也足以應付

提供：梅賽德斯-賓士日本公司

068 汽車以外的移動物體，也有考慮燃料電池的運用

會將燃料電池做為動力源的移動物體，並不只侷限於汽車。以船舶、潛水艇、火車、公車、卡車為首，腳踏車、速克達機車、輪椅、高爾夫球車、推高機等移動物體也都會採用，甚至還有考慮到飛機方面的應用。而這些移動物體所使用的燃料電池，大部分都是固態高分子膜燃料電池，但具有小型輕量化的可能性、並且操作溫度也比較低的甲醇燃料電池，則也是選用方面的有力候補。

在各種移動物體中，最以豐富實績誇耀的乃是燃料電池公車。不僅是在2003年8月到2004年12月的期間內，做為東京都的固定路線公車行駛，此外在2005年舉辦的愛知萬博上，八輛燃料電池接駁公車為了載運遊客，也在長久手～瀨戶會場之間行駛了4.4km，而萬博會場也為此設置了兩座加氫站。

接著就來介紹一個不僅用途特殊、同時也令人深感興趣的例子，那就是已經實用化、採用固態高分子膜燃料電池驅動的無人調查潛水艇。海洋研究開發機構為進行深海調查所開發的無人深海巡航探查機，已在2005年2月，成功在海中任意航行了317km。由於海中並無大氣可利用，因此這艘無人調查潛水艇，不僅會在機體中儲藏氫，還會儲藏氧，並要求要透過氫氣與氧氣的反應進行發電；這也就是說，深海環境和宇宙空間一樣不含空氣，無法將空氣中含有的氧吸入船內，因此必須要將氧隨著燃料一同儲藏。此外，和在地面上行駛的汽車最大的不同，就在於深海的環境壓力很高，反應生成的水分無法排出，必須得要儲藏在收納燃料電池的耐壓容器之中。全世界第一台搭載在深海探查機上的燃料電池系統，特徵就在於是採用可將未反應的氫和氧再度利用，其名為閉鎖式燃料電池的特殊方式（注1）。

●燃料電池也會使用在公車、船、堆高機上
●燃料電池驅動的無人深海巡航探測機已經誕生

注1：參考資料：「深海巡航探測機的能量來源」月岡哲　著（燃料電池Vol6,No.4,2007,pp6-11）

圖1 深海巡航探測機「Urashima」

提供：獨立行政法人海洋研究開發機構

圖2 「Urashima」的燃料電池搭載狀況

提供：獨立行政法人海洋研究開發機構

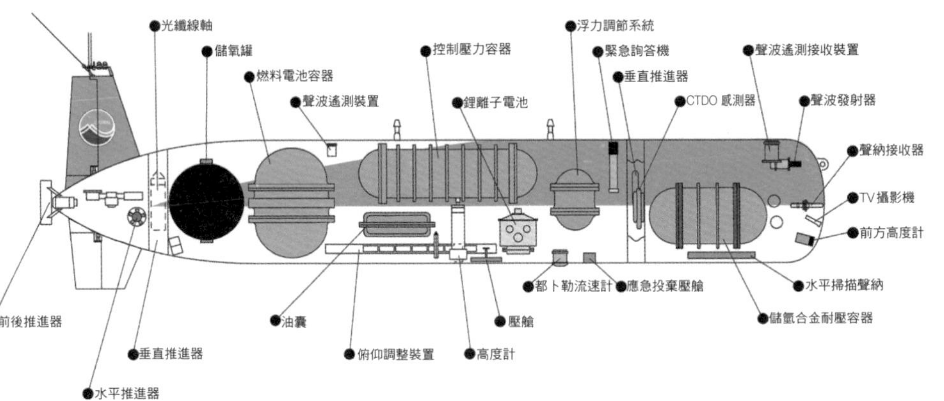

069 想一想汽車的未來局勢

由於環保意識的高漲，外加上政府獎勵的效果，如今油電混合車等環境對應車（環保車）的銷售情況正在急速攀升。考慮到溫室效應既是世界性的重大社會問題，同時也是無法輕易解決的問題這點，將可認定環境對應車將會是汽車的未來趨勢。

在1990年代後半到2007年左右的這段期間，世人將燃料電池車稱為是終極的環保車，並對該車的實現以及普及充滿著期待；然而到了最近，在鋰離子電池技術的進步之下，讓電池每單位體積的能量儲藏密度大幅提升，並預期將來還能夠再繼續向上發展，因而讓人們也開始注意起電動車與插電式油電混合車了。就如同（064）篇幅中所述，電動車在能量效率（燃油效率）與二氧化碳排出量方面，能顯示出優於其他汽車的漂亮數據；但問題就在於每次充電的行駛距離，現在充其量就僅限於200km上下，以及需要相當漫長的充電時間。

另一方面，燃料技術的革新也是日新月異。像是生質酒精或生質柴油等再生能源的生產技術提升、使價格降低到可與汽油競爭的局面也正在成形。而將再生能源混入汽油或輕油中使用的實證研究，目前則也已經開始進行。

而在技術進步與社會情勢的變化之下，燃料電池車的普及期已偏離當初預想的2010年，並在日本燃料電池實用推進協會（FCCJ）等政府機關設立的檢討委員會的結論下，已重新定在2015年之後。

燃料電池車是在氫能社會中擔任主角的關鍵技術，它的成功與否，不僅是關係到汽車市場，同時還會對社會系統的未來局勢造成極為重大的影響。

- 汽車的未來趨勢，主要是集中在環境對應車、特別是電動車上頭
- 燃料電池車的普及期，預計是在2015年之後

圖1 汽車接下來會如何演進

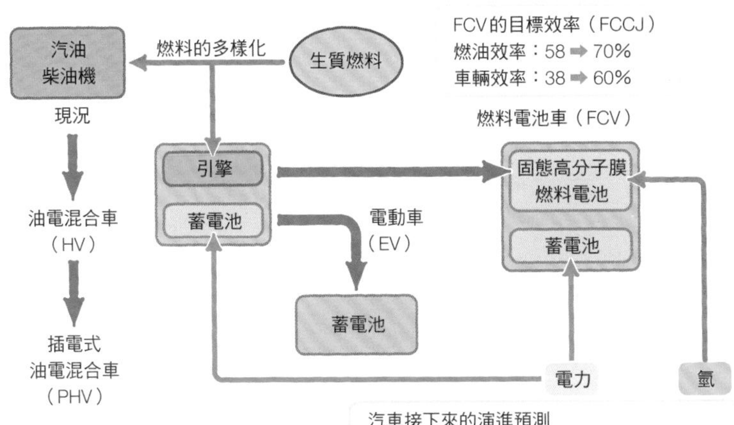

朝對環境無害的燃料以及驅動機構的方向演進

表1 環保車的性能比較

	代表車種（車輛價格）	汽油費、電費（單位：日元／km）	CO_2排放量（單位：g／km）
汽油車	鈴木汽車 Wagon R（104萬4,750日元）	5.7	105
油電混合車	本田汽車 Insight（189萬日元）	4.9	89
	豐田汽車 Prius（205萬日元）	3.9	71
插電式油電混合車	豐田汽車 Prius插電式油電混合車款（預定每輛200萬日元）	2.2	41
電動車	三菱汽車i-MiEV（459萬9,000日元）	1	0

二氧化碳排放量是在油箱至車輪（tank to wheels）時、電費是在夜間使用時、插電式油電混合車則是在「PHV燃油效率」時，價格會是最便宜的模式

COLUMN

總整理 汽車用燃料電池是小巧精緻的固態高分子膜形

功率密度高、並且小巧精緻的固態高分子膜燃料電池的誕生，使得了人們對於將固態高分子膜燃料電池做為汽車動力源一事充滿著夢想。並自從戴姆勒—賓士汽車公司在1994年製造出世界首輛搭載高壓氫氣的燃料電池原型車「NECAR1以來，這股趨勢就在世界上掀起一道巨大潮流，讓世界各國紛紛熱衷投入開發活動。日本則是在1996年，由豐田汽車發表了搭載儲氫合金的燃料電池車，緊接著在1999年間，松田汽車、大發汽車、日產汽車、本田汽車也都紛紛開發出原型車款。

燃料電池車是以氫做為燃料，那麼問題就在於氫氣的搭載方式。由於氫在常溫下會是氣體狀態，而不像汽油或輕油那樣是液體，體積能量密度也僅有天然氣的三分之一不到。當初雖曾檢討過用汽油或甲醇在車上進行重組反應的方法、以及藉由液態氫、儲氫合金的儲藏方法，但不論何種方式都存在著難以克服的困難，因此現在是以搭載350或700大氣壓的高壓氫氣的方式為主流。氫氣通常會在加氫站中生成，待純度提高至99.99%後，再填充給汽車使用。

然而，儘管燃料電池車在行駛時，完全不會排放出包含二氧化碳在內的有害氣體，但卻會在生成、運送、或壓縮氫氣的過程中排放二氧化碳。因此，在評價能量效率或二氧化碳排放量時，必須要針對從開採原燃料到運至車輪的整個過程。藉此進行的評價，就稱為「油井至車輪（well-to-wheels）」。

在21世紀初期，人們預想在2020年時，燃料電池車就能全面普及、供給氫能的基礎建設完善、甚至就連家庭或辦公室之中也會大量設置燃料電池，使氫能社會的目標得以實現；然而，如今電動車卻比燃料電池車率先實用化與普及，讓人有種人們對於氫能社會已經不再這麼期待的感覺。

支援普及運算社會的行動設備電源

行動電話或筆記型電腦之類行動設備的電源，一般都是使用二次電池，但要是可以置換成無須充電的燃料電池，那便利性就將能夠大幅提升。甲醇燃料電池無需使用重組器，讓極小型燃料電池的實現化作可能。

070 固態高分子膜型與甲醇燃料電池在性能上的相異點

來試著比較一下，以行動設備電源的功能備受矚目的甲醇燃料電池，與固態高分子膜型的性能差異吧。甲醇燃料電池的電解質是使用固態高分子膜，操作溫度是從常溫到90℃左右，因此構造和性能就基本上和固態高分子膜型非常相似。

比較大的優點，就是無需使用重組器，容易達到小型化與輕量化這點，但作為缺點，則就是電功率比固態高分子膜型低，因而導致發電效率不彰的問題。關於這點的原因，可以考慮到兩種現象。其一是因為甲醇是種遠比氫還要難以被氧化的物質，一旦開始反應，能量就會在進行甲醇氧化反應的燃料電極（陽極）端受到消耗，結果導致開路電壓（電流為零的電壓：電極間的電位差）儘管是和固態高分子膜型相差無幾的1V程度，但電壓卻會在電流開始流通時驟降。而這也就表示，形成負極的燃料電極端的電位上升了。且由於能量是電壓與電流的乘積，因此這個現象也可解釋成是種能量損失；正確來講，就是表示「因反應活化能導致的電壓損耗」過大的意思。

為緩和活性極化，會在電池上使用「電極觸媒」。就固態高分子膜型的情況，當燃料使用純氫氣時，會使用鉑作為電極觸媒。不過當使用的燃料為重組氣體時，為避免混在氣體之中的一氧化碳促使鉑觸媒劣化，所以會將釕和鉑一起添加；而就甲醇燃料電池的情況，儘管不會從外部混入一氧化碳，但在甲醇的氧化反應過程中卻會產生一氧化碳副產品，因此會在燃料電極的觸媒上使用鉑和釕。

- 甲醇燃料電池無需重組器，可容易達到小型、輕量化
- 電壓會在電流流通時下降，導致功率密度低於固態高分子膜型

圖1 甲醇燃料電池的系統構成

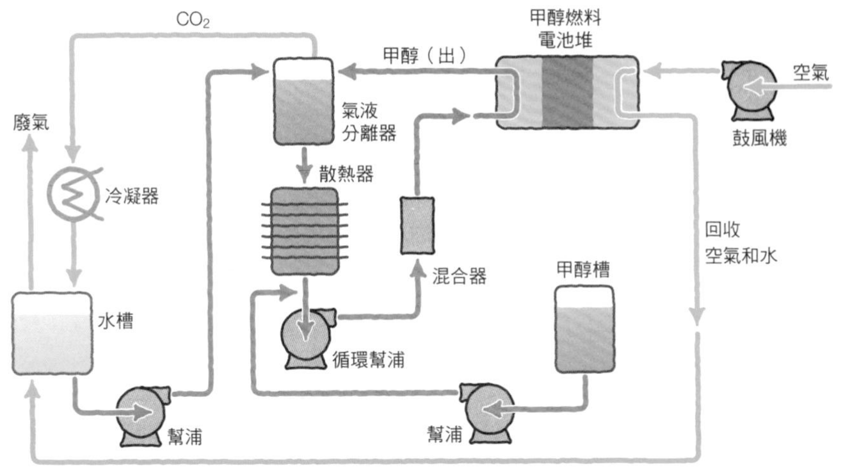

甲醇燃料電池是直接供給燃料電極甲醇水溶液使用，因此沒有安裝重組器的必要性。此外，由於燃料是方便攜帶的液體，因此可輕易達到小型化，並做為行動設備的電源使用

參考資料：『燃料電池的一切』池田宏之助 編著（日本實業出版社）

圖2 甲醇燃料電池的單電池性能

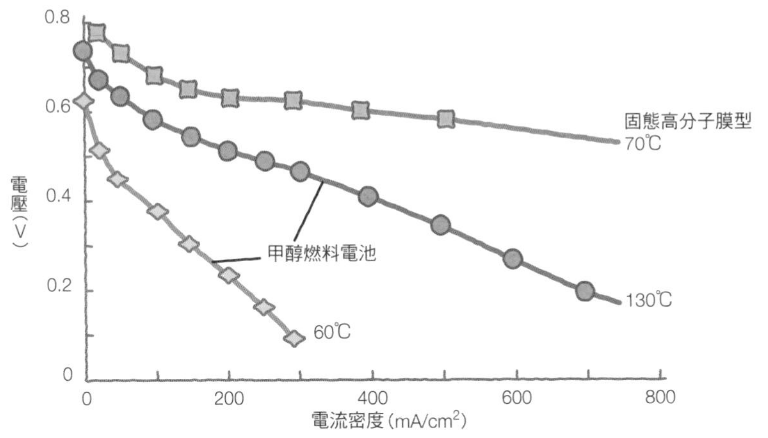

甲醇燃料電池的單電池性能比固態高分子膜型低

071 甲醇的滲透現象是種怎樣的現象？

甲醇燃料電池的性能會劣於固態高分子膜型的原因，除了前述在燃料電極（陽極）端發生的能量損失外，還有另一個影響深遠的負面效果。那就是導入燃料電極端的甲醇，有部分不會在電極端上進行反應，而是直接穿過電解質膜抵達空氣電極（陰極）的現象。這種現象就稱為甲醇的「滲透現象」。

當甲醇的滲透現象發生時，抵達空氣電極端的甲醇就會和氧直接反應（燃燒），轉變成水和二氧化碳。而此反應會和接下來所提到的現象，一同導致甲醇燃料電池的發電性能降低。現象之一，是無端消耗甲醇所導致的發電量下降；而另一個造成重大問題的現象，則是在為取得大電流而增加甲醇供給量時，由於氧會被滲透而來的甲醇消耗，讓電極反應所需的氧濃度不足，導致空氣電極的電位（電壓）下降、或是在同電壓下的電流值下降。

引發滲透現象的主要原因，在於電解質膜中含有水分。現在使用的氟系高分子膜，就如同在固態高分子膜項目中的說明，是使用水分子的鏈結（叫做簇）在運送氫離子，因此會含有大量水分。而甲醇易溶於水，致使甲醇分子會與水分子一同在膜中移動。將水分子與甲醇分子相較後，會發現甲醇分子較大，但儘管如此，若想用選擇透過膜之類的手法進行篩選，可也不是件簡單的事。為避免此現象，方法之一就是降低供給燃料電極的甲醇濃度、方法之二則是開發出可抑制甲醇滲透的電解質膜，而這些將會在接下來的項目中提到。

●與固態高分子膜型相比，燃料電極端的電壓下降幅度大
●會因為滲透現象而導致發電性能降低

圖1 甲醇滲透現象的機制

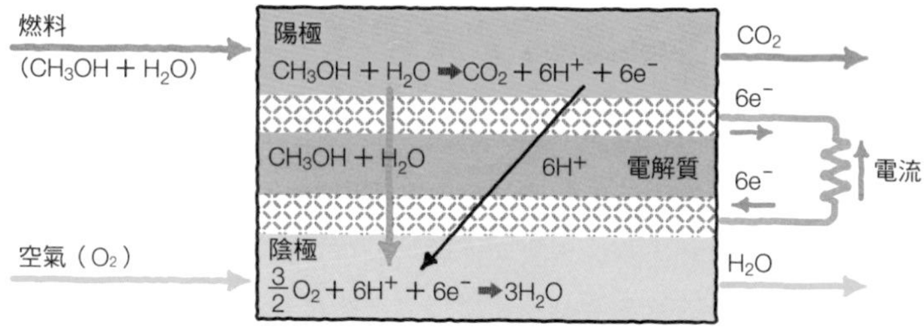

甲醇的滲透現象是什麼？

甲醇燃料電池的發電反應原理圖就如同（026）所示，在供給燃料電極（陽極）甲醇（CH_3OH）與水（H_2O）後，燃料電極端就會生成氫離子（H^+），並通過電解質膜移動到空氣電極（陰極）端與氧產生反應；但在這個時候，不僅是氫離子，就連水和部分甲醇也會一同透過電解質膜，結果導致單電池的電位下降，同時產生燃料損耗。不過氫離子在電解質膜中移動時，本來就會攜帶水分子一起移動。

圖2 甲醇濃度與單電池電壓

參考資料：『氫燃料電池指南書』氫燃料電池指南書編輯委員會　編著（オーム社）

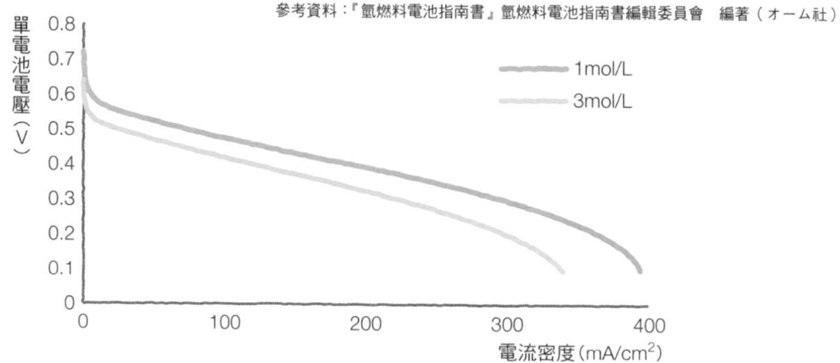

當甲醇濃度上升時，單電池電壓反而會下降。這是受到滲透現象的影響

雖然不需要用到重組器，
但甲醇滲透現象可也是個
問題喔

072 為改善甲醇燃料電池性能的嘗試

為提高甲醇燃料電池的性能，研究開發的主旨就在於減少燃料電池（陽極）的電壓損失，以及抑制甲醇的滲透現象。而關於前項，做為解決燃料電極問題的手段，提高操作溫度促使燃料電極端的化學反應進行是最具效果的方法，但考慮到電解質膜的耐熱性與作為行動設備電源的便利性，能夠提高的溫度也有所侷限。現在的對應方法，是在電極上使用遠比固態高分子膜型還要多出數倍的大量鉑與釕觸媒，但由於增加高價的鉑的用量會導致成本提高，因此目前正在著手開發足以取代鉑的高性能觸媒。

至於後項，有關抑制甲醇滲透現向的研究開發，被認為是推動甲醇燃料電池實用化的最關鍵技術，有許多研究機關與企業皆專注投入此研發課題。而現在所想到的應付方法共有兩種。其一是藉由運轉條件最佳化抑制甲醇滲透的量；其二則是開發可阻止甲醇滲透現象的新電解質膜。這裡，首先就先來思考第一個方法吧。

燃料電極的甲醇濃度提高，在電流流通時產生的滲透量就會增加，這是因為氫離子會攜帶甲醇一起移動的原故。而為與甲醇的擴散作用有所區別，會把此現象叫做「電滲透」；而燃料的濃度降低，在電流流通時產生的滲透量就會相反地減少，這可認為是在燃料電極觸媒層內的燃料消耗下，導致燃料電極的燃料濃度下降的關係。因此，將可藉由妥善控制燃料濃度與電流值，減少甲醇的滲透量。

●鉑與釕觸媒的用量，會增加得比高分子膜型還要多
●藉由控制燃料濃度與電流值，抑制甲醇滲透現象

圖1 受溫度影響的甲醇燃料電池的性能

參考資料：『氫燃料電池指南書』氫燃料電池指南書編輯委員會 編著（オーム社）

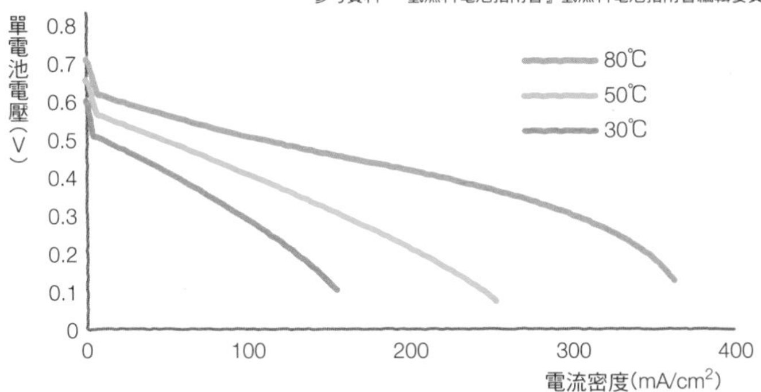

運轉溫度下降會導致單電池性能降低，是因為甲醇會難以進行反應的關係

圖2 甲醇燃料電池的高性能化

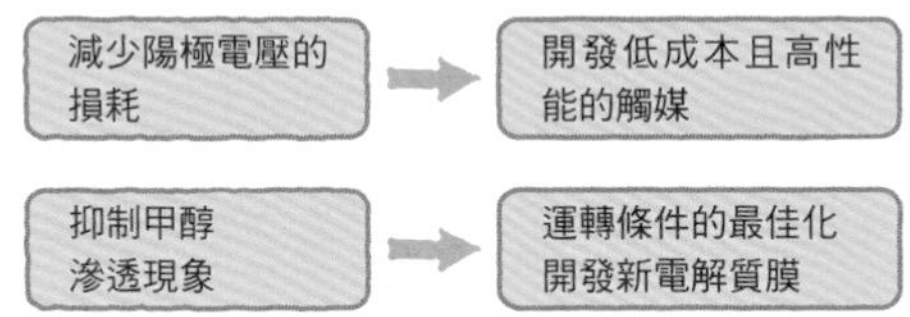

073 抑制甲醇滲透現象的新電解質膜範例

為達到抑制甲醇穿透的目的，如今檢討了三種新電解質膜。第一種是將固態高分子膜型從過去一直沿用至今的電解質膜的分子結構加以改良而成的「改良型氟系高分子膜」、第二種是可進行高溫操作的「碳氫系高分子膜」、第三種則是具備稱為「填孔型質子交換膜」這種新構造的電解質膜。

改良型氟系高分子膜是將原本的分子結構加以改良，讓氫離子和水分子儘管能一如往昔的穿透，但卻會抑制甲醇分子穿透的電解質膜，根據報告表示，此款電解質膜甚至可讓甲醇的滲透現象下降一個位數左右。

以碳、氫化合物為基底製成碳氫系高分子膜，由於接受甲醇分子的性質（親和性）低於氟系高分子膜，一般都會展現出抑制甲醇滲透現象的傾向。比方說結晶性高的聚醯亞胺系電解質膜，就已確認它儘管具有氫離子的高傳導性，但甲醇的穿透率卻比氟系高分子膜還要低一個位數以上。

填孔型質子交換膜雖說也是碳氫系高分子膜的一種，但這卻是在具有優秀耐熱性與化學穩定性的多孔質材料的基板（母體）上，填滿高分子電解質所製成的電解質膜。這種填孔型質子交換膜，可藉由改變構成母體的基材、和填滿孔洞的電解質的組合，製造出多樣化的膜材。而這種類型的電解質膜，一般就算浸置於高濃度的甲醇水溶液中，也幾乎不會引起所謂的「膨潤」現象，因此可展現出大幅度抑制甲醇穿透的效果。順道一提，膨潤是用來表示在乾燥飯粒上灑水時，飯粒會吸收水分膨脹變得稀軟的這種現象的詞彙。

●期望出現可抑止甲醇穿透的電解質膜
●改良型氟系高分子膜、碳氫系高分子膜、填孔型質子交換膜目前正在開發中

圖1 新電解質膜的開發配對

膜的種類	特點
改良型氟系高分子膜	藉由改良分子結構，抑制甲醇分子的穿透，使甲醇滲透現象下降一個位數
碳氫系高分子膜	由於和甲醇分子的親合性低，在結晶性高的聚醯亞胺系的情況下，可讓甲醇滲透現象下降一個位數以上
填孔型質子交換膜	由於是將高分子電解質填充在穩定性高的多孔質基板中，就算浸置於高濃度甲醇之中也不會引發膨潤，可有效抑制甲醇的穿透

圖2 新電解質膜所要追求的事項

改善基礎特性	改善製造技術與其他
高溫操作性(100℃以上) 低溫操作性(到－40℃為止) 降低含水率 提高耐久性（五萬小時）	降低成本 改善與電極的接合性 改善廢棄上的問題。

圖3 新電解質膜的開發方向

參考資料：「圖解 燃料電池的一切」本間琢也 監修（工業調查會）

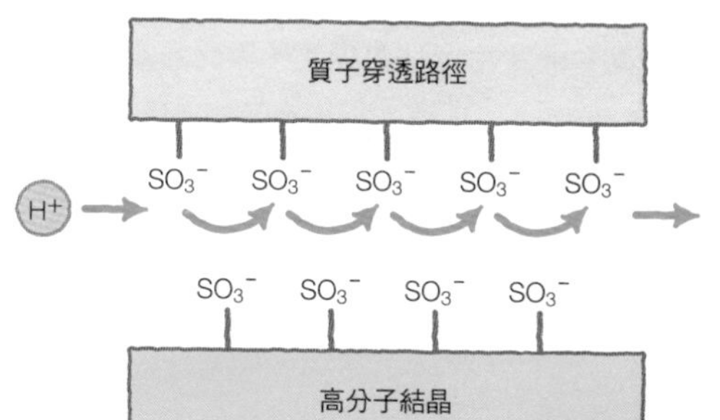

1. 碳氫系高分子（低成本、廢棄簡單）
2. 立體規則性高分子（規律排列的磺酸基＝形成質子穿透路徑）
3. 結晶性高分子（優秀的耐氧化降解性）
4. 乙烯基系高分子（優秀的耐化學藥品性）
5. 含有苯環的高分子（良好的電極接合性）
6. 形成IPN（提高溫度與機械特性）

用語解說

IPN（Interpenetraing Polymer Network → 互穿型高分子網狀結構體

074 行動設備用甲醇燃料電池的系統結構

做為行動設備用（mobile）電源的甲醇燃料電池系統，具有被動式與主動式兩種。其中主動式是將做為燃料的甲醇水溶液和做為氧化劑的空氣，用幫浦或鼓風機之類的動力機械，強制供給燃料電池的方式，有別於此，被動式則就沒有使用這種動力，而是讓燃料電池自然而然地取得甲醇與空氣。

被動式系統的構造就如圖1所示，會有一個裝滿甲醇水溶液的長方型燃料罐，燃料罐的表面上會裝有複數的燃料電池單電池。至於組裝的方式，則是將發電單電池的燃料電極（陽極）與燃料罐的表面相接，而為把燃料誘導至燃料電池單電池上，會在燃料電極與燃料罐表面之間設有陽極孔隙（間隔）。燃料電集的外側是電解質膜，更外側則疊有空氣電極（陰極），而為把空氣引入發電單電池中，會在空氣電極與外部空氣相接的一面備有陰極孔隙。

甲醇水溶液燃料會透過毛細管現象，從陽極孔隙供給發電單電池，空氣則是會透過擴散作用導入空氣電極。家庭用或汽車用的燃料電池，是採用將大量單電池堆疊起來的方法，不過這種類型的燃料電池，卻是採用在平面上排列單電池的方式構成系統。

裝滿燃料罐的甲醇水溶液，其濃度越高、能量密度就會越大，因此發電量也可望增加；然而就如同先前的說明，甲醇的濃度一旦提高，就會引起甲醇滲透現象，導致電池功率下降的結果，因此要在衡量雙方效果之下挑選出最適值。

- 行動設備用甲醇燃料電池分為被動式與主動式兩種
- 被動式是透過毛細管現象供給發電單電池甲醇水溶液

圖1 甲醇燃料電池（被動式）的結構

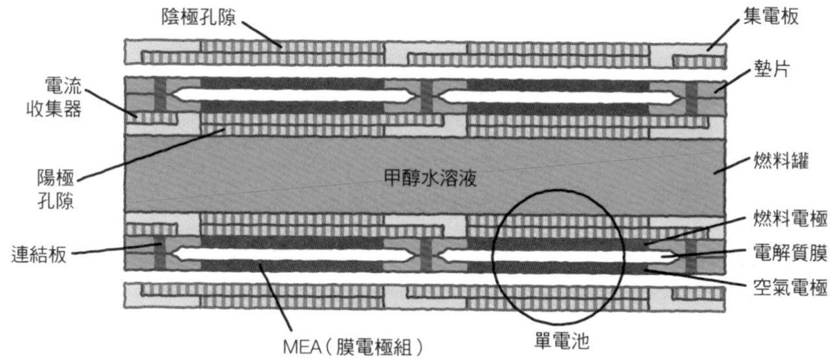

被動式沒有採用動力機械，是藉由毛細管現象供給甲醇

圖2 平面式電池堆的概念

參考資料：『圖解　燃料電池的一切』本間琢也 監修（工業調查會）

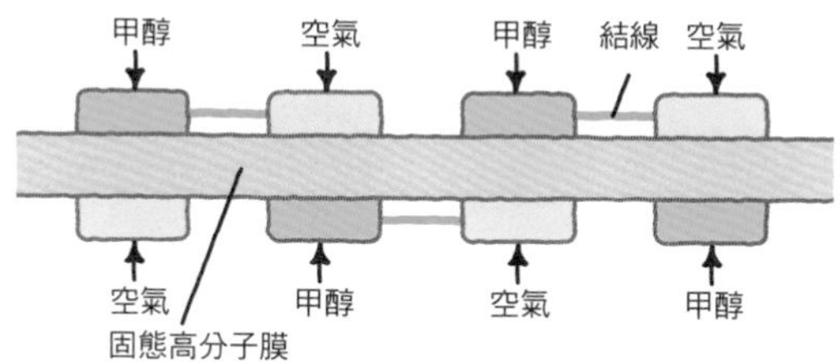

不採用堆疊，而是透過接線將配置在平面上的大量單電池，串連成一個電池堆

075 選擇主動式與被動式的重點

行動設備用的主動式甲醇燃料電池系統，儘管功率等級為數W到數十W，卻有著近似於功率1kW級的家庭用固態高分子膜燃料電池系統的結構。是由發電單電池主要部分的「膜電極組」（MEA）、燃料電極以及空氣電極擴散層、外加上分隔板、燃料系統與氧化劑（空氣）系統所構成的。

膜電極組是將包夾電解質膜的燃料電極與空氣電極一體化的組件，分隔板的功能是負責將做為燃料的甲醇水溶液或空氣分配給電極擴散層。燃料系統具有燃料罐、為補充燃料給燃料循環系統的幫浦、以及包含從燃料電極的未反應燃料中，將二氧化碳生成物分離並排放到外部的機構。至於回收的未反應甲醇，則是會再度回歸燃料罐。對於已經充分理解固態高分子膜燃料電池的系統與動作的讀者們來說，對於以上所述的這些系統與動作，想必也都能輕易理解吧。

主動式的電力會被幫浦之類的輔助設備消耗，導致實際的發電電力縮水、降低發電效率，但由於單電池堆疊而成的電池堆會形成三次元的結構，讓系統可達到精簡化。此外，燃料罐中會事先注入高濃度的甲醇水溶液，並可藉由對燃料電極循環供給空氣電極排出的水，控制燃料電極端的甲醇濃度，讓燃料罐可保有高能量儲藏密度。

在做為行動電話電源利用的情況下，是結構單純且不會發出噪音的被動式較為有利；而另一方面，在做為攜帶式電源或筆記型電腦等，電力消耗比較大的機械用電源時，則是認為主動式會比較適合。

●主動式的系統構成近似於家庭用固態高分子膜型
●行動電話適合用被動式、筆電則適合用主動式

圖1 主動式的系統構成

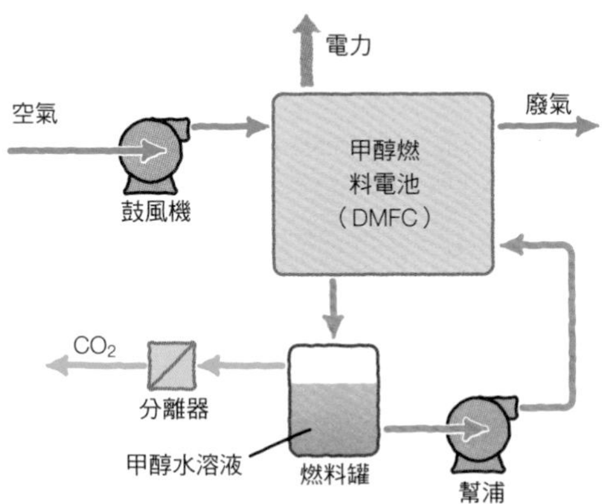

燃料無需經由重組程序，因此系統構成會十分簡單

圖2 甲醇燃料電池的單電池構成要素

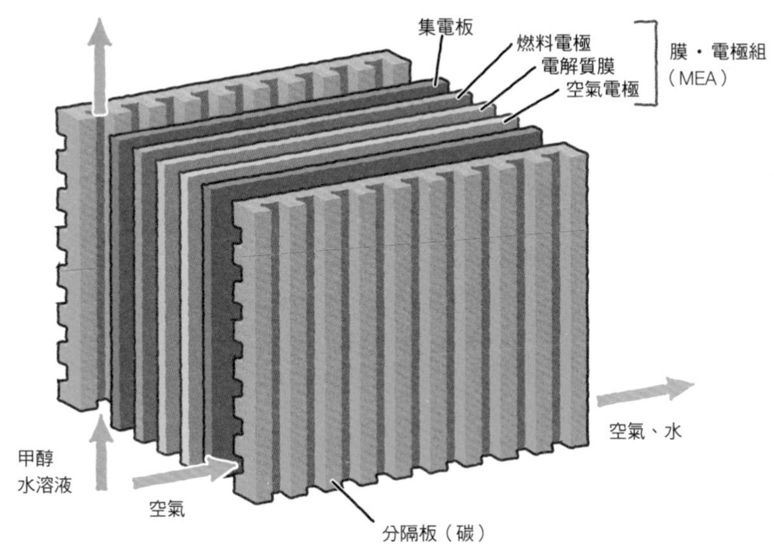

076 也嘗試製造過行動設備用的固態高分子膜燃料電池

發電性能優於甲醇燃料電池的固態高分子膜燃料電池，也是自古就有嘗試要做為行動設備的電源；只不過在此情況下，由於難以在小型容器中確保相當程度的氫氣量，因而讓甲醇燃料電池佔據了主流之位。而至今所檢討、嘗試製造過的系統，則有使用氫硼化鈉（sodium borohydride）儲氫的方式、以及透過微型反應器進行甲醇重組的方式。

硼氫化物（Borohydride）具有很大的含氫量，就拿氫硼化鈉的含氫量來說，重量比甚至可達10.6%，打從過去就以儲氫物質的身分倍受矚目。這種物質不僅可在常溫下透過觸媒與水反應產氫，還由於氫硼化鈉的非揮發性，而能在乾燥空氣與鹼性溶液中保持穩定性質。因此，基於它做為直接燃料電池燃料的可能性，也就嘗試製作了直接硼氫化物燃料電池；只不過，由於這種電池在產氫後，做為生成物殘留下來的硼酸鈉鹽廢液，必須要花費大量能量才能再生還原成氫化合物，因此被指責存有能量效率上的問題。

此外，利用在名為MEMS的半導體工程學領域中發達的微細加工技術，卡西歐公司開發了叫做微型反應器的甲醇重組器。這是在矽晶片上裝設微流道，並在其中填充重組觸媒的裝置。該公司在這種微型反應器上使用銅／鋅系的觸媒，在約280℃的反應溫度下，可以98%的高效率成功地從甲醇中提煉出氫。

●曾有過利用固態高分子膜型做為行動設備電源的嘗試
●曾嘗試製造過直接硼氫化物燃料電池、和微型甲醇重組器

圖1 直接硼氫化物燃料電池的發電反應原理

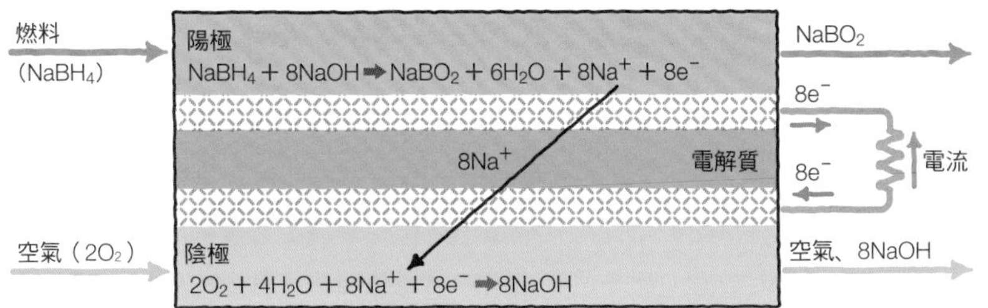

採用陽離子交換膜

圖2 甲醇重組程序的其中一例

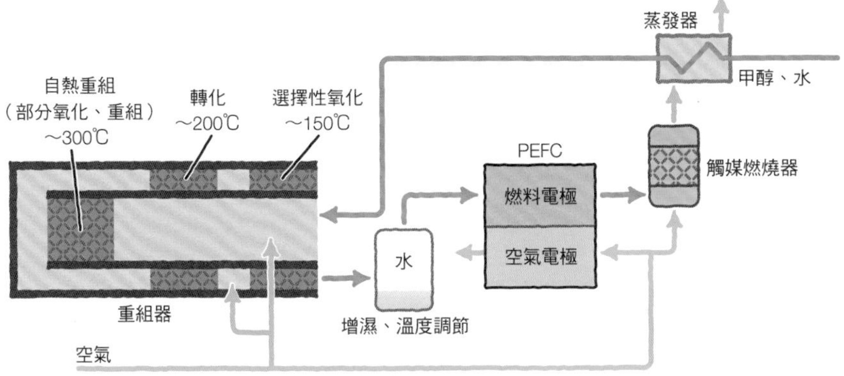

儘管甲醇的重組溫度明顯比天然氣還要低上許多，但對行動設備來講，卻也不可稱之為低

用語解說

MEMS(Micro Electro Mechanical Systems) → 應用半導體製造技術製成的微小零件所構成的微小電機系統

077 行動設備用甲醇燃料電池的開發史

在1980年代，日立公司等日本廠商為把甲醇燃料電池做為車載電池或攜帶式電源使用，著手進行了開發研究；只不過，當時受到電解質膜的耐久性等問題影響，讓開發進度暫時放緩。而讓這股衰退的開發意願再度點燃的契機，則是美國摩托羅拉公司在2000年展示的行動電話電源的實體模型。

在此時期，行動電話由於鋰離子電池的登場，形成了一個龐大市場，但隨著時間經過，行動電話的機能也日漸增多，所消耗的電力也跟著飛躍性地增加。而這個結果，也讓人們開始追求能量密度更高的行動設備用電源，並開始注意起能量密度高於鋰離子電池的甲醇燃料，以及使用此燃料的甲醇燃料電池。甲醇每單位體積的能量密度，約可達到鋰離子電池的10倍，就算考慮到燃料電池的組件與燃料容器，也還是可預想達到3.5倍的程度。

在2002年11月於美國棕櫚泉地區舉辦的「燃料電池研討會」上，在以「攜帶式燃料電池的未來展望」為題進行的演講中儘管提到：「這種類型的攜帶式燃料電池，儘管要到2004年左右才能勉強地在市場上嶄露頭角，但這股趨勢隨後就會急速增加，並將在2008年時達到兩億組的市場規模。」，但這個預測實際上卻是落空了。先前提到的燃料電池車的預測也是如此，這讓我們了解到，要實現燃料電池的普及，必須得去克服的障礙竟是意外的龐大。

●摩托羅拉公司在2000年展示了行動電話電源的實體模型
●甲醇的能量密度高於鋰離子電池

圖1 燃料電池與二次電池的比較

參考資料：『圖解　燃料電池的一切』本間琢也 監修（工業調查會）

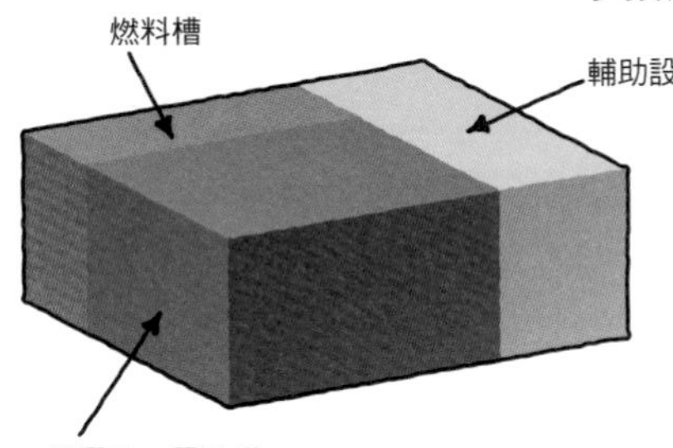

單電池、電池堆：決定功率
燃料槽：決定驅動時間
輔助設備：幫浦、循環系統等等

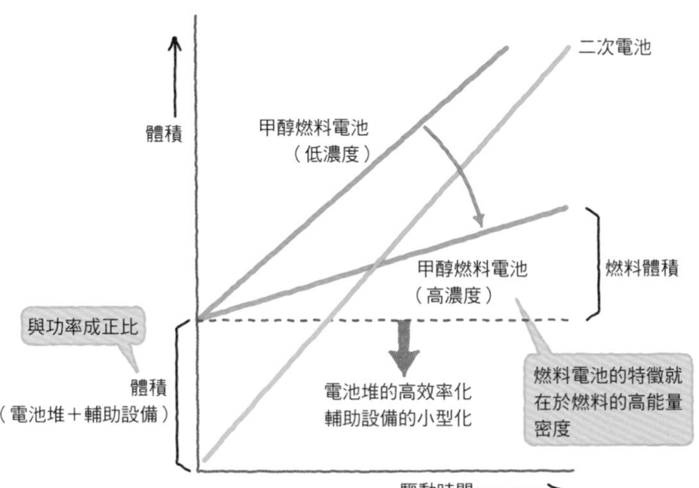

在長時間驅動的情況下，燃料電池的構造會比二次電池來得精簡；只不過，甲醇水溶液的濃度就必須要為此提高

在想長時間使用行動設備的情況下，使用燃料電池的構造會比較精簡喔

078 在社會上推廣甲醇時的問題點

如前項所述，21世紀初期的預測雖然未必能夠實現，但行動設備用甲醇燃料電池當初要是普及開來的話，估計就會形成一個可在便利商店或攤販處，輕易購得封有甲醇燃料的燃料匣的社會環境。若是形成這種社會，甚至可以想像甲醇燃料容器會像打火機一樣，在家中隨處擺放的情況。

只不過，甲醇（methyl alcohol）的沸點僅有65℃，具揮發性且閃點低（12℃），因而被消防法規範為是種易燃液體；此外，和儘管同為酒精、卻與酒飲料成分的乙醇（ethyl alcohol）不同，被指出具有強烈毒性。而基於甲醇的這些性質，甲醇燃料在國際規範下，是被禁止攜上飛機的。

為使甲醇燃料電池能達到普及，除了要緩如這種嚴格規範外，同時還要有確保安全性的技術性措施、並且要宣導操作時的規範，以免甲醇燃料的普及受到阻擾。而且在產品是要越過國境、推廣到世界各地的前提下，為不使貿易障礙產生，就不僅限於國內，還要追求國際性的安全標準和相容性的確立。

說到這，國際電工協會（IEC）為討論安全性、性能測試方法以及相容性，成立了工作組對國際標準的制定進行討論。在這裡，會針對裝有甲醇的燃料電池系統要是從飛機客艙的置物架上掉落時，會造成多麼危險的狀況？以及該如何防止燃料匣的甲醇外洩、家中小孩舔食甲醇的等等問題進行討論。

●甲醇是種毒性強烈的易燃液體，因此會有安全上的顧忌
●確立安全標準與相容性的作業是由IEC負責進行

圖1 普及甲醇燃料匣的配套措施

妨礙甲醇燃料匣普及的主因

甲醇的危險要素
具有毒性
易引發閃燃（沸點：65℃、閃點：12℃）

受法規限制
受消防法規範
禁止攜上飛機

為使甲醇燃料匣普及的方法
緩合法規限制
為確保安全性的技術性策略
設置操作規範
建立可在世界各地使用的國際標準

國際電工協會（IEC）的對策
設置工作組：通過安全性、
性能測試方法以及相容性的討論，
建立國際標準。
具體的討論範例：甲醇燃料電池
在掉落時是否具有危險性？
以及該如何防範小孩子誤飲等等。

用語解說

甲醇的毒性 → 一般來說，只要飲用8～20g就會失明、30～50g就會致死。
閃點 → 與甲醇液體接觸的空氣在接近火源時，會引起燃燒的最低溫度。換句話說，在考慮到甲醇液體與空氣的接觸面會配合蒸氣壓產生甲醇蒸氣的情況下，也就表示這是空氣中的甲醇濃度達到可燃限度的溫度；只不過，在此情況下，只要離開火源，火焰就會熄滅。

COLUMN

總整理 甲醇燃料電池無需使用重組器

行動電話與攜帶式機械的機能逐年精進，能源消耗量也出現逐年增加的傾向，結果使得支撐行動設備機能的電源、也就是能量儲藏設備也開始追求更大的容量。行動設備的電源通常會使用二次電池（蓄電池），但是倘若能用燃料電池取代，那麼不僅是不再需要充電，就連在沒有電源的地區，也只要攜帶燃料就能夠長時間使用。為回應社會的如此要求，市面上則就出現了極為小型、輕量的微型燃料電池。

這種微型燃料電池主要是使用「甲醇燃料電池」。甲醇燃料電池是在燃料電極端，直接氧化甲醇水溶液生成氫離子、二氧化碳、以及電子，隨後二氧化碳會排出內部，氫離子與電子則是分別透過電解質以及外電路抵達空氣電極；而在空氣電極端的氫離子以及電子，則會與外部導入的氧（空氣）結合生成水。電解質和固態高分子膜型一樣是使用固態高分子膜，並在常溫以及一大氣壓的環境下運作。若將此過程用化學式來表示，則就如同以下所述：

燃料電極（陽極）： $CH_3OH + H_2O \rightarrow 6H^+ + CO_2 + 6e^-$

空氣電極（陰極）： $6H^+ + \frac{3}{2}O_2 + 6e^- \rightarrow 3H_2O$

甲醇燃料電池的一大特徵，就是無需進行重組程序，因此具有小型輕量化的可能性；此外在被動式的情況下，由於不使用幫浦或馬達之類的動力裝置，更是有利於小型輕量化。

而要說到甲醇燃料電池的缺點，特別是以燃料電池端的電壓損失過大（電極電壓高），以及在甲醇穿過電解質的甲醇滲透現象下，導致功率密度低於固態高分子膜型的這兩點為人詬病。

來調查一下工業用燃料電池吧！

工業用燃料電池橫跨固態高分子膜型、磷酸型、熔融碳酸鹽型、固態氧化物型，
其功率規模也從數kW級到發電用的數萬kW為止，分佈範圍極為廣泛。
本章節會針對這些燃料電池的利用目的與型態，以及適用的燃料電池種類進行考察。

079 工業用燃料電池會用在何種用途上？

工業用燃料電池所指的，是運用在商業設施、產業界、以及公用電力工業的燃料電池，和第2～4章提到的家庭用、汽車動力源、行動設備電源不同，特徵就在於使用目的可從汽電共生到大容量發電設備為止，範圍非常多樣化這點。因此功率規模的規模也十分廣泛，可從數kW級到數萬kW級為止，使用的對象甚至有固態高分子膜型、磷酸型、熔融碳酸鹽型、固態氧化物型，幾乎包含一切的燃料電池在內；只不過，和運用在移動物體上或攜帶式電源的汽車用或行動設備用的燃料電池不同，都會設置在一個固定場所進行運轉，因此包含家庭用在內，工業用燃料電池也被稱為「固定式燃料電池」。

來整理一下工業用燃料電池的使用目的吧。

❶做為高可靠性的輔助電源使用在資料中心或通信基地臺等處

❷設置在便利商店或小規模餐廳的小容量汽電共生設備

❸設置在醫院、旅館、大樓或學校等處的中容量汽電共生設備

❹以節約能源為目的的汽電共生設備

❺負責提供固定地區電力與熱能的能源供應站

❻以極高的發電效率為目標，安裝在煤氣化發電或高效率複合循環發電設備中的，容量較大的燃料電池。

現在要說到燃料電池，那就是2009年開始商品化的家庭用燃料電池，以及預期可在2015年開始商品化動作的汽車用燃料電池，不過在1980年代，被認為是燃料電池最有力的市場領域卻是工業用，而預期能夠最早商品化的先發打者，則是發電功率為200kW級的磷酸燃料電池。

●工業用燃料電池的目的多樣化，功率規模廣泛、種類也很繁多
●預期能成為商品化先鋒的是200kW級的磷酸燃料電池

表1 固定式燃料電池的規模與用途

種類	操作溫度	發電效率	用途	功率	適用對象	備考
磷酸型	約200℃	35～45%	工業用	50～200kW	旅館、醫院、學校、產業用等等	在日、美、歐等地具有大量實績
			大型發電用	1,000～11,000kW	電力公司、產業用	過去舉行過實證試驗
固態高分子膜型	70～90℃	30～40%	家庭用	0.7～1kW	個人住宅、集合住宅等等	從實證試驗階段移轉至商品化階段
			工業用	5～50kW	便利商店、加油站等商業設施	
熔融碳酸鹽型	600～700℃	45～60%	工業用、產業用	250～3,000kW	旅館、醫院、學校、產業用等等	在日、美、歐等地具有大量實績
			大型發電用	1,500～100,000kW	電力公司、產業用	正在開發與氣輪機的複合發電
固態氧化物型	700～1000℃	45～65%	家庭用	0.7～1kW	個人住宅、集合住宅等等	商品化計畫中
			工業用、產業用、大型發電用	250kW～		開發中

商品化的大型燃料電池很少，最多就是50～100kW級的磷酸型、和300～3000kW級熔融碳酸鹽型

圖1 設置磷酸燃料電池的目的

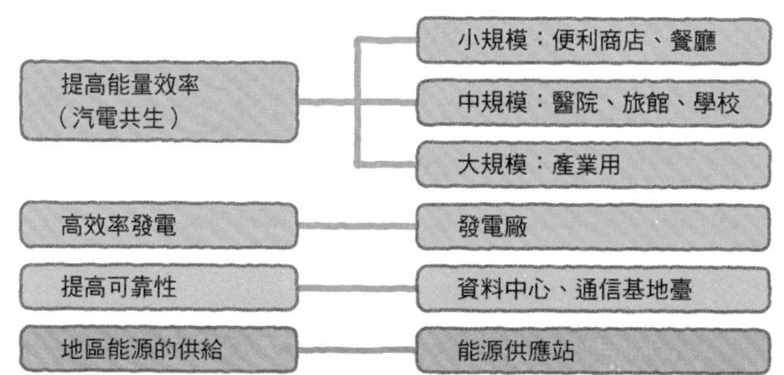

080 開啟工業用市場的磷酸燃料電池

在1981年經日本通產省（現經濟產業省）推動的「月光計畫」，其主要的課題就是推動燃料電池實用化的開發與實證研究。當時的燃料電池是以磷酸型為主流，並由於此款電池的技術等級最為先進，因此又被稱為第一世代燃料電池。而在預定中最有發展潛力的市場，則絕大多是工業用途。具體來說就是做為旅館或醫院等處的汽電共生電源，以及事例較少的，做為電力公司規劃的高效率發電設備運用。

關於磷酸燃料電池的運作原理，雖已在第一章中介紹過了，但這裡就藉由與固態高分子膜型的比較來複習其特徵吧。

磷酸型的電解質不採用固態的高分子膜，而是使用滲入多孔質板中的液態磷酸水溶液。燃料是以氫為主成分的重組氣體，電極反應則與固態高分子膜型相同；然而高達200℃左右的操作溫度會促使化學反應活躍，讓電池對於重組氣體的成分以及電極觸媒的限制條件放寬了不少。

具體來說，就是固態高分子膜型導入燃料電極的重組氣體，一氧化碳濃度必須得要降到10ppm這種極低的數值，然而磷酸型卻可容許到1%的程度，讓磷酸型儘管會使用鉑做為電極觸媒，但卻無需像固態高分子膜型那樣添加釕。此外，由於操作溫度高，使得電池堆排出的熱能溫度很高，並可利用蒸氣回收等等，具有如此高熱能價值，而這點則也是它的優點之一。

功率規模的標準是50kW～200 kW級，要像固態高分子膜型那樣小型精簡化的程度有限；只不過，發電效率的目標卻是40%，比固態高分子膜型稍微高出一些（參照019）。

- 1981年開始的月光計劃，一開始是以工業用磷酸型做為主流
- 磷酸型的操作溫度為200℃左右，發電效率的目標則為40%

圖1 磷酸燃料電池電池堆的結構

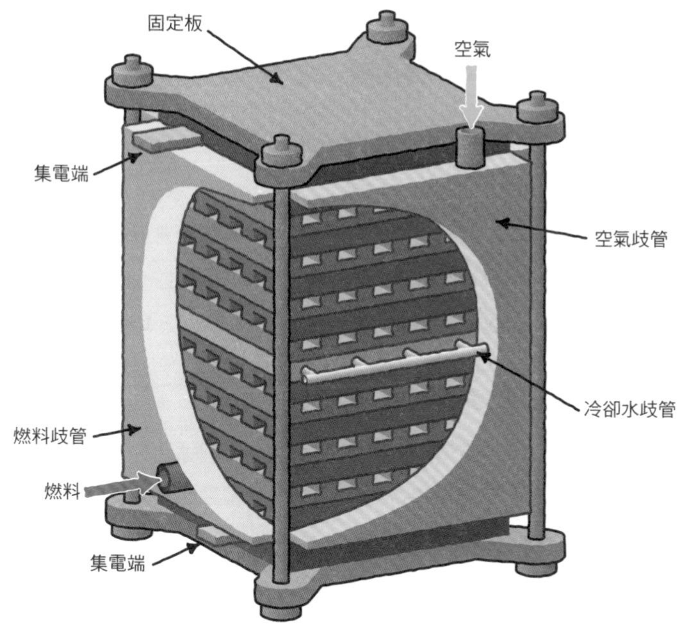

表1 磷酸燃料電池的規則範例

參考資料：『氫燃料電池指南書』氫燃料電池指南書編輯委員會　編著（オーム社）

項目		性能、規格	備考
型式		FP-100F	
額定功率（輸電端）		100kW	
發電效率（輸電端）		40%(LHV)	
廢熱回收效率	90℃溫水	17%	也可蒸氣回收
	50℃溫水	23%	
綜合效率		80%	
		5ppm	
噪音		65dB(A)	
燃料		都市煤氣（13A） LPG	
體積		2.2×3.8×2.5(m)	
重量		10t	

081 磷酸燃料電池的開發與市場開拓史

磷酸燃料電池基礎研究的開端，可回溯到至今50年前的1960年代。而當時著名的開發計劃，就有1967年成立的美國「TARGET計畫」。這是美國天然氣公司意圖擴大天然氣的運用範圍，所成立的大規膜燃料電池實證計劃。當時燃料電池的開發是委託聯合技術公司（後來的國際燃料電池公司），並運用該公司製造的64座功率為12.5kW的設備（PC11A－2），分別設置在工廠、大樓、餐廳等35個場所進行運轉實驗。而日本的東京瓦斯和大阪瓦斯也有參加此計劃，並在琦玉縣與大阪府設置了一共四台設備，該實證運轉的記錄一直持續到1976年為止。

世上最早導入磷酸燃料電池商用機型的記錄，似乎是在1990年代。根據過去在柯林頓政權時代身居美國能源省要職，在有關推動燃料電池與氫的研究開發領域中，擔任主導地位的羅姆博士（Joseph J. Romm）的著作，世界首台燃料電池的商用機，是經由聯合技術公司導入美國第一國家銀行資料中心的燃料電池。其導入的目的，是在電力系統斷電時，做為保證電力供給的高可靠性電源使用。

銀行的資料中心必須處理來自世界各地的信用卡資料，要是因停電導致機能停擺，將會造成顧客的莫大損失。由於美國電力系統的可靠性低於日本，因此銀行都會設置電池或柴油發電機等備用電源，然而燃料電池的投資成本儘管高於這些設備，但由於運轉成本低廉，因此讓銀行重視起可節約壽命週期成本的燃料電池。

如此實績儘管對燃料電池的宣傳貢獻良多，但過高的成本也確實形成了障礙，讓這種類型的電池市場無法持續下去的樣子。

●磷酸燃料電池的基礎研究始於1960年代
●磷酸商用電池一號機，是做為高可靠性的不斷電電源導入銀行中使用

圖1 磷酸燃料電池在日本的設置事例

藉由汽電共生提高熱能效率
燃料：主要是都市煤氣
適用對象：辦公大樓、醫院、大學、能源中心等處

利用特殊燃料的產業用設備
消化氣：啤酒工廠、汙水處理廠等處
廢棄物的氣化氣體：煉鋼廠處
廢甲醇：半導體工廠等處

直流電輸出的利用
UPS的替代機能：在電力系統的電力發生異常時，負責供給重要設備電力的電源。
適用於電解程序：燃料電池的輸出為直流電，因此可利用這點使設備簡單化

做為發電設備使用
氣輪機發電廠的吸氣冷卻：食品工廠
商業發電廠：電力公司等等

圖2 磷酸燃料電池與不斷電電源裝置的直流連接系統

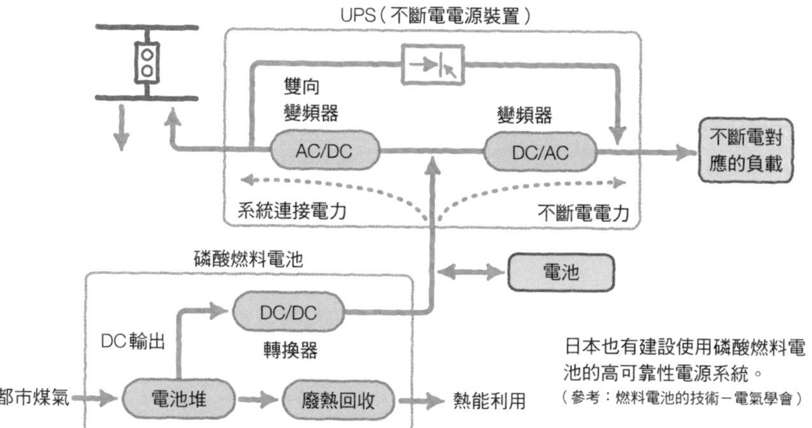

日本也有建設使用磷酸燃料電池的高可靠性電源系統。
（參考：燃料電池的技術－電氣學會）

082 食物廢棄物或廚餘是有效的能源資源

大家都曾聽過**生物質能**這個詞彙吧。生物質能（biomass）是生物（biotechnology）與量（mass）的複合詞，是帶有用以植物為中心的生物產生的有機資源意思的詞彙。基於政府機關對於生物質能的定義，可分類為甘蔗、玉米、油菜籽以及花生等資源作物，污水淤泥、食物廢棄物、家畜排泄物、以及建築廢材之類的生質廢棄物，還有包含稻草、或從森林中取出的疏伐材等等的未利用生質。

像木材這樣的生物質能，在利用其燃燒熱能發電時，理所當然的會產生二氧化碳，但由於植物會在生長的過程中，吸收相對於生長過成的二氧化碳，因此在國際上是共同認定：「就算將生物質能做為能源資源利用，空氣中的二氧化碳也不會有實質上的增加。」

這種思考方式就叫做**碳中和**。也就是說，生物質能的能量利用和太陽能發電以及風力發電一樣，被視為是種對地球環境無害的能量資源。特別是污水淤泥或廚餘這種未利用生質，若是能將其轉換成電力之類的能量，就將可節省處理的費用，因此可視為是種高價值的回收事業。

日本生質廢棄物的資源量共有3億2700萬噸，在乾燥去除水分後的乾燥重量則可達到7600萬噸，若做為能量資源利用，推定可換算成3280萬千升的原油。當中特別是食物廢棄物，雖有25%會用在肥料或家畜飼料方面，但剩下的部分卻是未加以利用；此外，污水淤泥也有將近25%完全沒被利用到。

在下一節中，將會針對以食物廢棄物或污水淤泥做為原料，運轉燃料電池的程序以及實際範例進行介紹。

●生物質能是種碳中和的能量資源
●生質廢棄物的能量利用是種有價值的回收事業

圖1 碳中和的概念

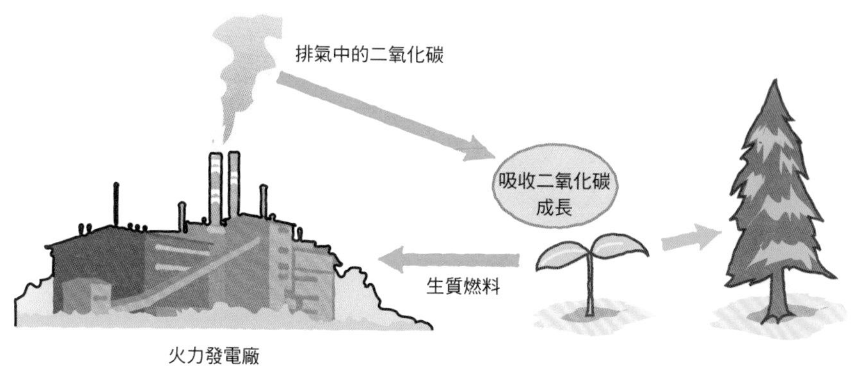

就算燃燒生質燃料，也不會增加大氣中的二氧化碳總量

圖2 循環農業

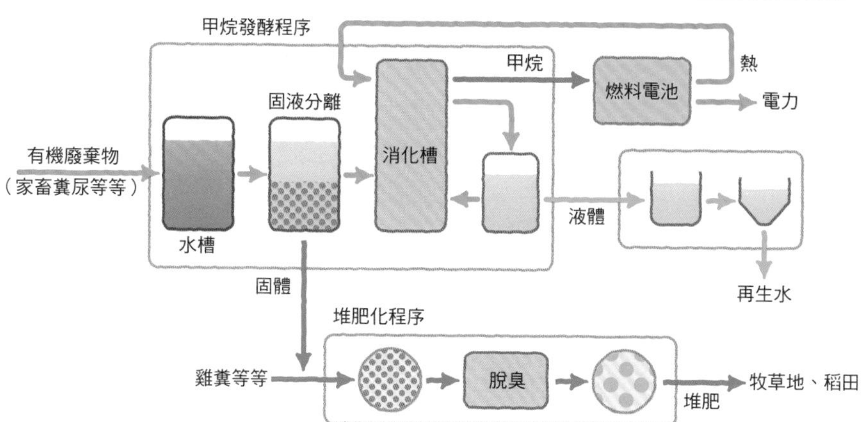

循環農業：會利用農業、酪農業產生的生質廢棄物進行沼氣發酵生成甲烷，隨後再使用甲烷透過燃料電池發電，並同時利用廢熱。沼氣發酵的殘渣會分離成固體和液體，液體會有部分做為液體肥料使用，殘餘的則是經由水處理做為再生水利用。固體部分會經由堆肥化程序製成堆肥，回歸到稻田或牧草地中。由於在燃料供給方面也是自給自足，就算遭遇災害也有運作的可能性。

083 利用廚餘產生電力的燃料電池

在2001年至2003年間，經由日本環境省的「地球溫暖化對策實施驗證事業」計畫，在神戶市的港灣人工島上，進行了將旅館、餐廳或家庭排放的廚餘轉化成燃料，透過燃料電池產生電力的實證計畫。

為將廚餘做為燃料電池的燃料使用，會運用到一種名為沼氣發酵的程序。而這裡所說的發酵，是指細菌之類的微生物分解掉有機物的現象。此外，沼氣發酵所指的，則是在無氧的「厭氧環境」下，利用微生物群的作用，將生物質能（有機資源）分解成甲烷氣體（CH_4）和二氧化碳氣體（CO_2）的程序。而這種沼氣發酵，會如圖1 所示的分為氧生成過程與甲烷生成過程的三個階段進行。

在神戶市進行的實證計畫，是每天收集六噸的廚餘，並在去除異物後粉碎成細渣，藉由生物反應器轉換成生質氣體，接著將這種生質氣體精製成含有60～70%的純甲烷氣體、與30～40%的二氧化碳氣體的混合氣體，導入電功率為100kW的燃料電池中產生電力的計畫（圖2）。由於燃料電池裝有重組器，因此甲烷氣體會在此與水蒸氣反應，最後生成高純度的氫氣。至於參與建設的鹿島建設公司，採用的燃料電池則為磷酸型（富士電機製造）。

根據此計畫的總結，為使額定功率100kW的燃料電池滿載運轉，定時地收集廚餘似乎將會是最為辛苦的工作，而在此實驗的證明下，確認到每噸的廚餘將可轉換成521kWh的電力，這就相當是50戶一般家庭的每日用電量。在此計畫結束後，使用設備就進行了廢棄處理。

- 這是用廚餘做為燃料運轉磷酸燃料電池的實證試驗計畫
- 廚餘的能量利用會使用到沼氣發酵程序

圖1 沼氣發酵的原理

參考資料：『圖解　燃料電池的一切』本間琢也 監修（工業調查會）

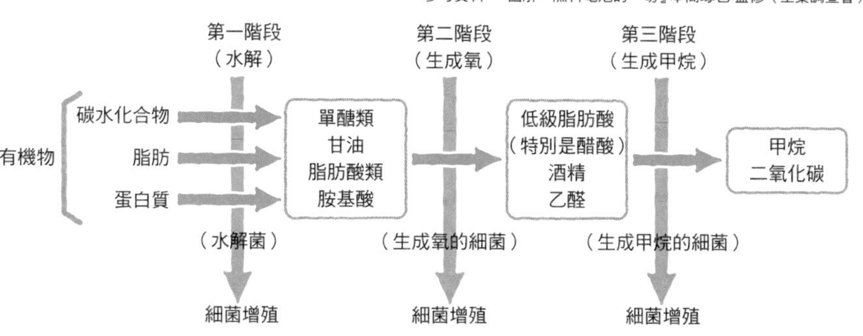

圖2 沼氣發酵與燃料電池的組合

參考資料：『圖解　燃料電池的一切』本間琢也 監修（工業調查會）

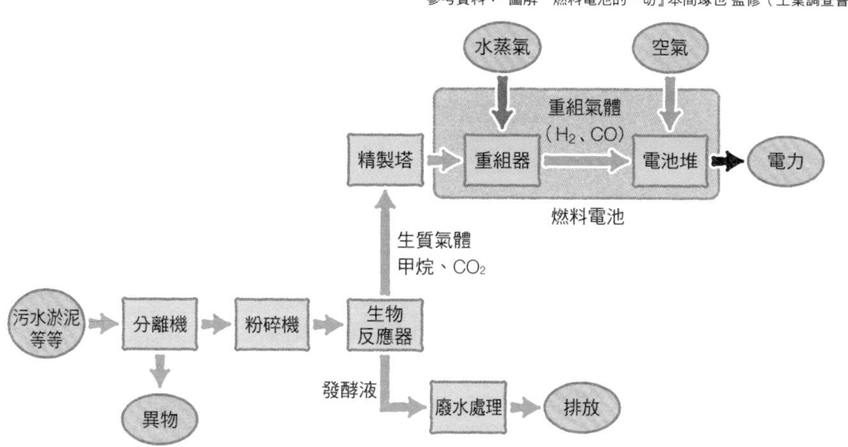

利用汙水處理廠、啤酒工廠的廢水或食物殘渣產生的消化氣的磷酸型以及熔融碳酸鹽燃料電池，各有著數台的運轉實績

084 利用生質廢棄物能源的熔融碳酸鹽型

關於被稱為第二世代的熔融碳酸鹽燃料電池，日本在1990年代的某段時期，也曾投注精力進行過研究開發。其代表性的活動，就是經由1988年設立的官民合作技術研究公會進行的大容量發電設備的開發與實證運轉計畫。

日本電力中央研究所的赤城綜合試驗所，在1990年開始了100kW級燃料電池系統試驗，而做為其延伸的1000kW示範廠，則是建設在中部電力公司的川越火力發電廠中。該示範場自1999年一月成功發電1000kW起，到停止運作的2000年1月底止，持續運轉時間總共將近約5000個小時，發電效率的紀錄則為45%。另一方面，在2005年召開的愛知萬博會上，為維持會場的電力與熱能所需，而設置了兩座以廚餘等廢棄物為原料進行發電運轉的250kW燃料電池。然而這些計畫的成果儘管絕不算小，但遺憾的是，熔融碳酸鹽燃料電池商用機事業的推展，最後還是轉讓給了美國的燃料電池能源公司。燃料電池能源公司生產的功率250～300kW的商用機型（DFC300），約在美國、歐洲、以及日本設置了60台左右。

位於日本的第一號機，是在2003年設置在麒麟啤酒的取手工廠中。該工廠的運用方式，是利用啤酒釀造過程中產生的廢水製造消化氣，並將此消化氣無償轉讓給丸紅商社，丸紅商社再將其做為燃料運轉燃料電池，隨後再把產生的電力與熱能，以市場價格提供給該工廠使用。據說此款燃料電池的發電效率，通常可達到45%、最高則可實現47%，並確認具有高度的可靠性。而這種利用生質廢棄物發電的燃料電池能源公司製熔融碳酸鹽燃料電池，在2003年還有設置在福岡市的西部水處理中心、並也在2006年導入京都環保能源計畫（KEEP）與東京超級環保城的計畫之中。

- 在川越發電廠中建設了1000kW級的熔融碳酸鹽型設施
- 美國燃料電池能源公司成功推展了商用機事業，並由麒麟啤酒引進日本使用

圖1 熔融碳酸鹽燃料電池發電設備

照片中的是叫做DFC300，由美國燃料電池能源公司製造的250kW的燃料電池設備，而引進日本的設備大都是這種款式。燃料是使用都市煤氣、天然氣、以及消化氣等等

圖2 使用消化氣的燃料電池發電系統的結構

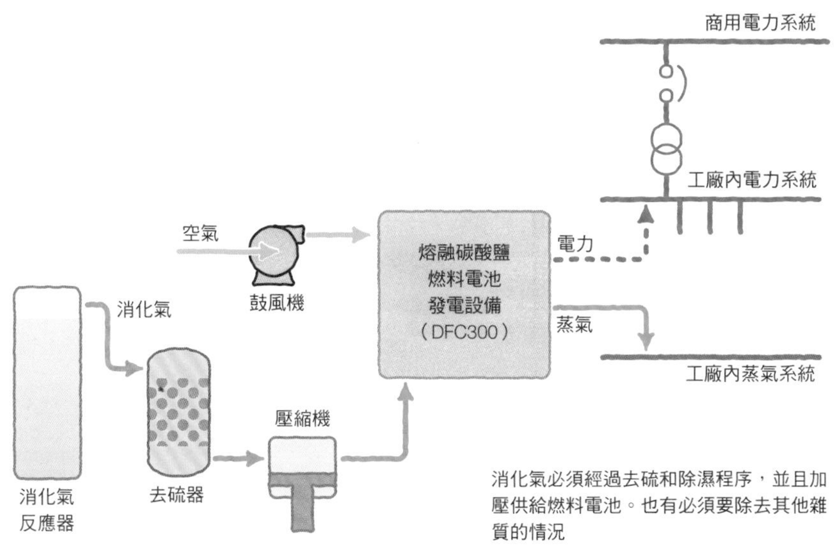

消化氣必須經過去硫和除濕程序，並且加壓供給燃料電池。也有必須要除去其他雜質的情況

用語解說

消化氣 → 將家畜的排泄物、廚餘、污水淤泥等水分含量大的生物質能置於厭氧條件（無氧環境）下發酵，藉由沼氣發酵產生的氣體就叫做「生質氣體」，而特別是以污水淤泥為原料的情況下會叫做「消化氣」

085 稱為第三世代燃料電池的固態氧化物燃料電池

稱為第三世代的燃料電池，是操作溫度遠高於熔融碳酸鹽型，因此更講求高度製造技術的固態氧化物型。這種燃料電池的電極、電解質、以及連接各個單電池的連結板等等，一切的組件皆是由固體的陶瓷所構成。由於操作溫度的目標是1000℃這種高溫，因此無法使用金屬零件。

固態氧化物型的歷史悠久，而其開發的出發點，被認為是1937年德國使用氧化鋯（二氧化鋯）電解質原型所嘗試製造的單電池。日本的名古屋大學和東京大學，儘管也在1960年代著手進行相關研究，然而要把陶瓷製的平板狀單電池大量堆積成電池堆，在當時可是件極為困難的工作。而克服這些困難、成功突破技術瓶頸的，則是美國的西屋電力公司（WH公司）。在1970年左右，WH公司如圖1所示的將鐘型單電池堆疊起來，成功製造出功率為100kW的承插式結構電池堆。並在其構想的延伸下，思索出在厚實的高強度多孔陶瓷管的表面貼上單電池的結構。由於外觀看來就像是個橫條紋造型的圓筒，因此就被稱為圓筒橫紋型。燃料會流經中空陶瓷管的內側，空器則是會與管的外側接觸（圖2）。

隨後在進入1980年代後，WH公司為降低單電池間的電阻，開發出在一個空中圓孔管上形成一個單電池的圓筒直紋型結構，並在藉此成功的長時間發電實驗的刺激下，包含日本在內，美國、歐洲等地紛紛熱中投入相關的研究開發。此外，WH公司的技術，隨後則是由1998年設立的西門子西屋動力（SWPC）公司繼承（圓筒直紋型單電池結構請參照024）。

●稱為第三世代的燃料電池，是操作溫度更高的固態氧化物型
●西屋電力公司的圓筒型燃料電池，刺激了世界上的研究開發

圖1 承插式結構的固態氧化物燃料電池

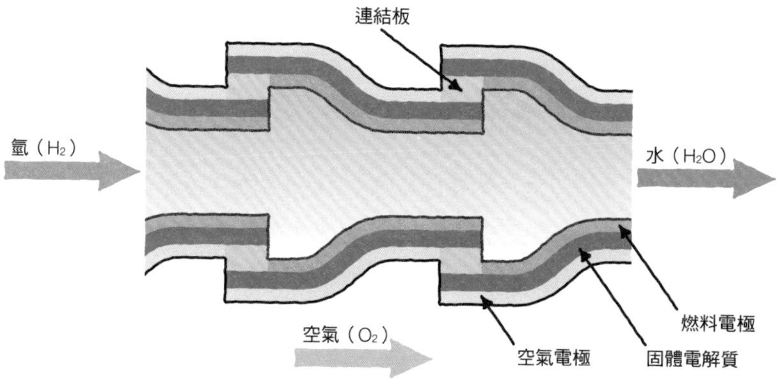

圖2 圓筒橫紋型的固態氧化物燃料電池

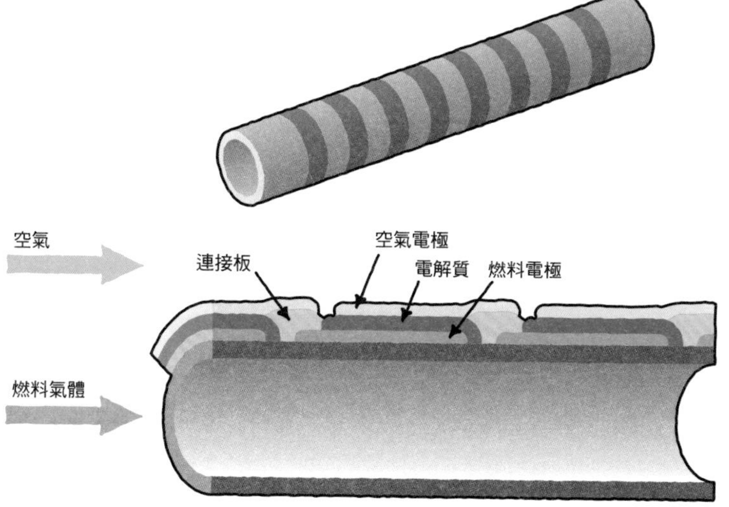

086 高溫型燃料電池可使用的燃料範圍廣泛

高溫型燃料電池的熔融碳酸鹽型或固態氧化物型的特徵之一，就是具有能穿過電解質的離子特性。就高溫型燃料電池的情況，氧化劑離子會從空氣電極端往燃料電極端的方向移動。而這邊提到的氧化劑，指的是會氧化反應物質的物質，在熔融碳酸鹽中相當於碳酸離子（CO_3^{2-}）、在固態氧化物中則相當於氧離子（O^{2-}）。這些離子會在燃料電極端氧化外部導入的燃料，因而擴大了一般能用的燃料範圍，並也形成高溫型燃料電池的優點之一。

固態氧化物型在空氣電極端產生的氧離子，會抵達燃料電極端氧化氫以及一氧化碳（CO），生成水以及二氧化碳氣體，並同時釋放出電子。而這個過程也表示高溫型除了氫之外，還可將一氧化碳做為燃料；而這個事實，也間接開啟使用煤炭做為燃料的道路。煤炭在高溫下與氧或著空氣和水蒸氣進行作用後，就會產生主成分為氫和一氧化碳的氣體，而這些氣體分子將有可能在燃料電極端進行電極反應。

為活用煤炭的這種特性，目前正進行將固態氧化物燃料電池運用在煤氣化發電上的研究計畫。圖1雖然是煤氣化熔融碳酸鹽燃料電池發電系統，但就算換成固態氧化物燃料電池，系統結構基本上也相差無幾。然而無須多言，由於煤氣中含有的硫磺成分會對燃料電池造成不好的影響，因此必須事先除去。而這種由煤氣化裝置、高溫型燃料電池以及氣輪機發電系統組合而成的煤氣化燃料電池複合發電系統（IGFC），輸電端的熱效率最少可達53%以上，二氧化碳排放量則推測可比過去的煤炭火力發電減少30%左右。特別是在使用固態氧化物型的情況下，操作溫度當然是越高就越為有利。

- 高溫型燃料電池一般能用的燃料範圍廣泛
- 高溫型燃料電池可運用在煤氣化燃料電池複合發電系統之中

圖1 煤氣化燃料電池複合發電系統的結構

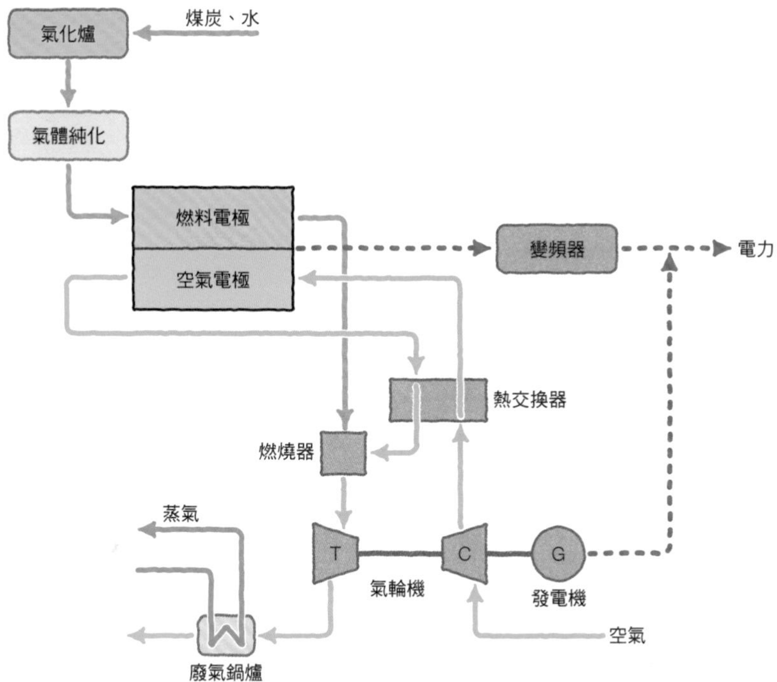

煤炭由於碳含量高，因此可用在能將一氧化碳做為燃料使用的熔融碳酸鹽型或固態氧化物型這種高溫型燃料電池上

087 結合高溫型燃料電池與氣輪機發電系統的高效率發電系統

現在固態氧化物燃料電池的主要開發目標，是放在小規模的家庭用汽電共生系統上，但在1980年代到2000年代初期這段期間，眾人所關心的卻是其做為大容量發電系統的實用化。理由是考慮到固態氧化物型的操作溫度高，製成小規模設備會因放熱產生大量熱損失，導致性能受損。

操作溫度高，發電時排放的熱能也會提高，其熱能的利用價值也就會相對的增加，並可提供給氣輪機或蒸汽渦輪機之類的熱機運用。此外，就連將天然氣等化石燃料轉換成氫與一氧化碳的重組反應，也可直接在單電池堆中進行。考慮到這種種優秀特性，當時的開發焦點就集中在結合燃料電池與氣輪機或蒸汽渦輪機的複合式（Combined）發電系統上。同時，還提出以數M（百萬）到數百MW（1MW為1,000kW）發電規模為目標的大功率化開發計畫。

美國能源局（DOE）在2003年2月發表的「Future Gen」，就是一項充滿野心的大規模計畫。這是將煤氣化裝置、固態氧化物燃料電池、氣輪機、以及排放的二氧化碳氣體，結合成一個隔離、儲存在地底的系統，以開發功率7萬5000kW設施為目標的計畫。

至於高溫所導致的缺點，除了需要時間昇溫和降溫外，就是由於陶瓷難以承受溫度變化，因此就算在不發電時也必須要保持高溫；只不過在此情況下，也依舊可利用電池堆內部的重組反應產氫。如此一來，就似乎可將固態氧化物燃料電池，放在電力、熱能、以及氫這三種能量媒介的生產裝置的位置上。

●美國的Future Gen是最具野心與環保意識的計畫
●可利用電池堆內的重組反應產氫

圖1 Future Gen計畫

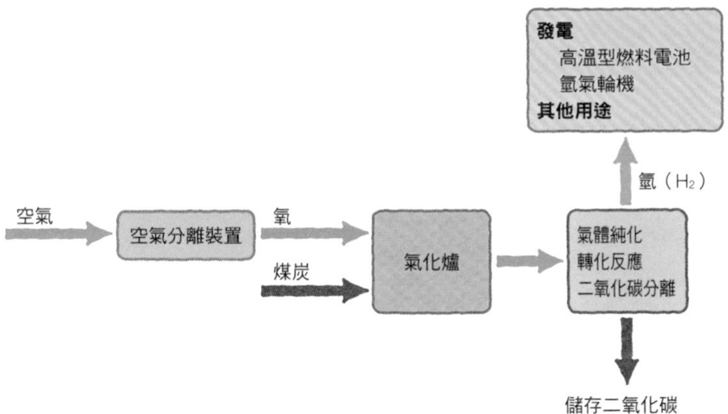

圖中是最初的計畫。原先是預定用DOE（美國能源局）的預算，建設不排放二氧化碳的功率275MW的示範工廠，然而在這之後，DOE的預算卻只夠建設二氧化碳的回收、儲藏設施。因此現在是預定交由民間企業建設複數的煤炭化複合發電廠，再用DOE的預算建設二氧化碳的回收儲藏設施

表1 二氧化碳回收範例

回收方法	程序	技術開發要素	課題
溶液吸收法	從火力發電廠、熱機等處排放的廢氣中分離出二氧化碳	需開發的技術要素較少	回收所需的能源消費大
溶液吸收法	在煤氣化後將二氧化碳分離出來，隨後使用潔淨燃料發電	需開發的技術要素較少	設備費用龐大、回收能量比廢氣回收少
氧燃燒法	在各種發電設備中用氧燃燒碳氫化合物，待冷卻後除去水分	必須要開發系統以及燃燒技術（溫度控制、低過剩氧燃燒）	需要降低氧氣設備和功率消耗以及成本
液化分離法	利用燃料電池的二氧化碳濃縮機能，從陽極廢氣中回收二氧化碳	必須要開發系統	會影響燃料電池的性能與壽命

現在儘管高效率化的推行程度不如減碳活動，但需要回收二氧化碳的日子終究是會到來

COLUMN

總整理 各種工業用燃料電池的登場

在燃料電池的歷史中，工業用是最早達到實用化階段的領域。工業用燃料電池的利用領域極為廣泛，從便利商店等處的數kW級汽電共生用固態高分子膜型，到做為辦公室或公司的預備電源、以及工廠為節能所設置的數百kW級磷酸型、或熔融碳酸鹽型，以及做為電力事業用複合循環設備的數萬kW級固態氧化物型等等，皆是其中的代表範例。

在日本於1981年開始的月光計畫中，將磷酸型稱為第一世代、熔融碳酸鹽型稱為第二世代、以及將當時還處於基礎研究階段的固態氧化物型稱為第三世代。而就如名稱所示，磷酸型是最早達到實用化階段的燃料電池，早在1990年代就將功率輸出為200kW的機型，做為高可靠性的預備電源設置在美國銀行的資料中心裡。

其中較有意思的研究計畫，則有利用廚餘或污水淤泥等含水量多的生質廢棄物進行沼氣發酵，並用所獲得的甲烷運轉燃料電池的嘗試。而率先做此嘗試的，則是日本環境省在2001年到2003年期間，於神戶市實施的研究計畫。這是每天利用六噸的廚餘運轉功率為100kW的磷酸燃料電池，提供電力與熱能給地方使用的計畫。此計畫隨後是由地方自治團體與民間企業承接，不過使用的燃料電池，則是改採用效率更高的熔融碳酸鹽型。

固態氧化物燃料電池的操作溫度高，因此發電效率高、廢熱溫度也高，除了氫燃料外，還可使用一氧化碳或甲烷等碳氫化合物燃料運作。基於這種特性，固態氧化物燃料電池可結合氣輪機或蒸汽渦輪機，實現高效率的煤氣化複合式循環系統，而日本的J-Power公司和電力公司目前也正在進行這種設備的開發。

智慧型能源網與氫能社會

針對氫能社會的印象進行介紹，並觀察氫能的優點以及缺點。
為大量取得太陽能發電等再生能源，就必須追求智慧能源系統的導入，
而本章節將針對這點來考察氫能量的意義。

088 氫能社會的印象

美國前總統布希在國會進行2003年1月的預算咨文演講時，發表了名為「氫燃料先導計畫」的政策。在這過程中，布希總統進行了以下論述：

「今晚我為使美國在開發藉由氫燃料行駛的潔淨汽車方面，能成為世界領導國家，提議將開發成本的支出提升到12億美金。（中略）藉此新政策，我國的科學家和技術人員，就將能克服各種阻擾他們把氫氣車從研究室開到展示櫥窗上的障礙，如此一來，今天出生的小嬰兒們在長大後開的第一輛車，就將會是輛零污染排放車了吧。」

這邊提到的氫氣車和零污染排放車，在當時所指的就是燃料電池車。在這段時期，不僅是美國，世界上許許多多的人都隱約有種：「以燃料電池和燃料電池車為核心的氫經濟社會，將在不久的將來得以實現。」的預感。

前述在柯林頓政權時代，於美國能源局主導燃料電池開發的羅姆博士，在其著作『對氫燃料的吹捧（The Hype about Hydrogen）』的序論中，是用以下這種方式描述氫經濟社會的印象：

「人們每天會開著潔淨汽車到公司上班。而停駐在辦公室或住家旁的汽車，就會在那裡成為一個小型發電廠，透過輸電網供給地方社會潔淨電力，並再由電力公司回饋相當於發電量的電費給人們。」

這種社會印象，和現在歐巴馬總統推行的「智慧電網」構想有著共同之處。

●2003年，布希總統發表了氫燃料先導計畫
●氫能社會的主角是燃料電池車

圖1 藉由燃料電池車發電

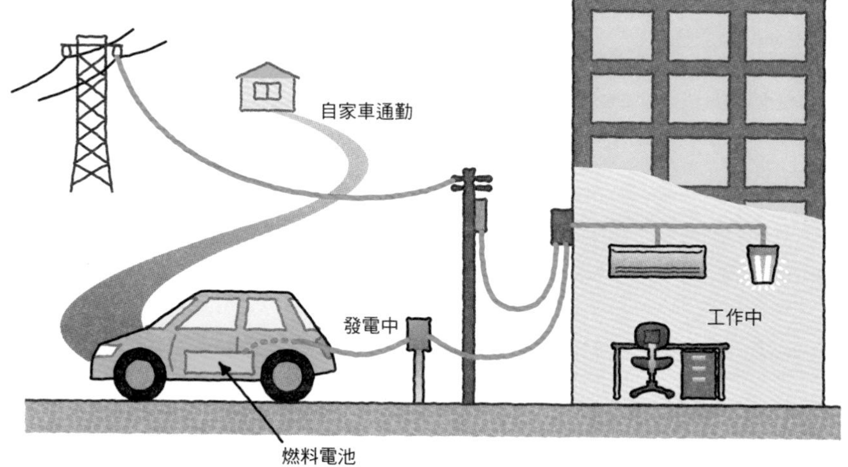

在不做為汽車使用時做為發電設施使用。在此概念下，
單電池的耐久性將會成為重點

圖2 氫能社會的概念

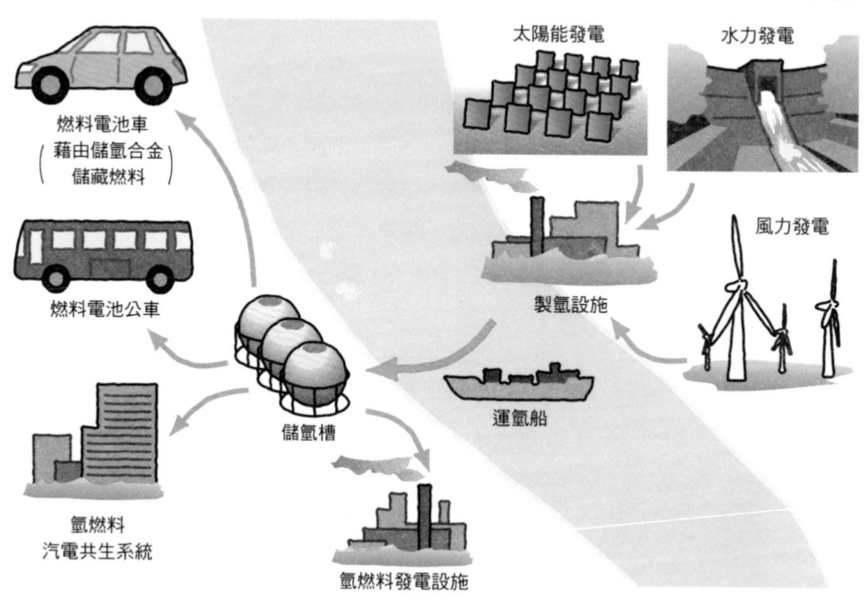

參考資料：『圖解　燃料電池的一切』本間琢也 監修（工業調查會）

089 氫是怎樣的物質？

前項介紹過的美國羅姆博士，對氫做出了「是最優秀的燃料，同時也是最糟糕的燃料」的論述。

氫能量的正面優點是什麼呢？首先第一點，是它就算燃燒，也完全不會產生包含二氧化碳氣體在內對環境、健康有害的物質，是種完全潔淨的燃料；第二點，是它是地球上含量最為豐富的元素，除了化石燃料外，還可用核燃料或再生能源製造；此外第三點，就是可經由電解反應，高效率地將電力轉換成氫，相反地，只要具有氫、並且品質純粹的話，就可以60%以上的高效率將其轉換成電力；再來第四點，則是在以食鹽電解工業為首的鋼鐵業、石油化學工業等等既有的產品製造程序中，會產生大量可以加以運用的多餘氫，而這些氫就叫做氫副產品。

那有哪些負面缺點呢？儘管地球上含有大量豐富的氫，然而自然界中的氫原子，卻都被緊密封鎖在水或天然氣之類的分子裡，想要獲得純粹的氫絕非是件容易的事，必須得要消耗能量，才能從這些分子中取出。而氫的最大缺點，就在於每單位體積的能量密度過低，氫氣就僅有天然氣的1/3、液態氫也僅有汽油的1/4不到。

再來第三個問題則是安全性。氫的最小點火能量為汽油的1/10，與空氣混合後，會有燃燒、爆炸危險性的比率範圍非常廣。外加上氫分子小巧輕盈，因此具有容易洩漏與擴散的特性。為確保安全，除要保持通風良好外，還要能迅速檢測到氫的洩漏情況，並且必須要時常留意不讓氫滯留在密閉空間裡。

●氫是最為潔淨、地球上含量最為豐富的燃料
●自然界中沒有單獨存在的氫，且體積能量密度低

圖1 將來供氫基礎建設的該念

參考資料：『圖解　燃料電池的一切』本間琢也 監修（工業調查會）

經由風車公園進行
水電解反應

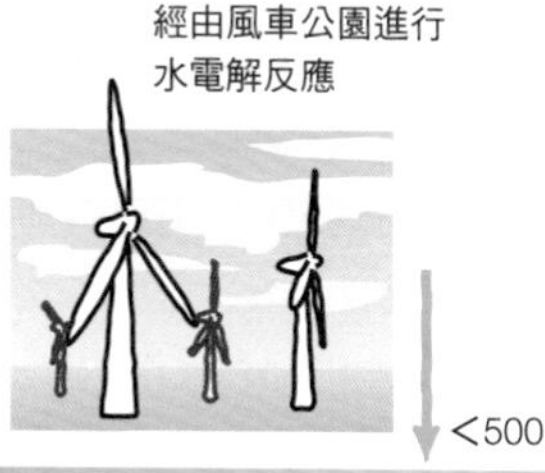

現場重組裝置

＜500

0–5

與使用者之間的距離（英里）

＜2,000

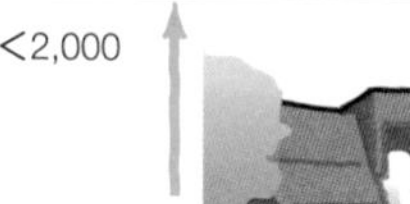

＜50

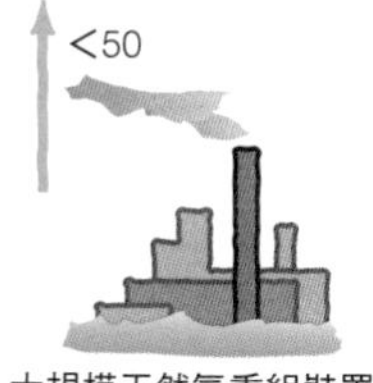

用水力發電的離峰電力
進行水電解反應

大規模天然氣重組裝置

使用者

固定式
發電機

燃料電池
車用加氫站

要透過管線運送氫，除了架設氫專用管線外，就是使用天然氣管線，同時也檢討了把天然氣和氫混合輸送的方法

表1 氫與甲烷的特性比較

	氫（H_2）	甲烷（CH_4）	氫的特徵
燃燒生成物	H_2O	H_2O、CO_2	氫不會生成環境有害物質
熱值（LHV）（kcal/Nm³）	2576	8558	氫每單位體積的熱值為甲烷的1/3以下
分子量	2.016	16.043	氫是最小的分子，因而容易洩漏
空氣中的爆炸（可燃）限度	4～75%	5～15%	氫的引爆範圍非常廣
沸點	−252.9℃	−161.5℃	液態氫不論是製造還是保存都相當困難
其他	氫脆化		氫會導致某種金屬脆化

090 想像一下近未來的環保生活吧

在樹木蒼鬱的遼闊建地裡，向南的單坡屋頂（僅有一面斜坡的屋頂）上，鋪滿了整面的太陽能面板。實際上，這些面板也擔任了吸熱板的功能，形成一個兼具發電與吸熱功能的複合結構。而這種太陽能發電面板，是在非晶矽太陽能電池上鋪設微晶矽膜構成的雙層結構，發電效率至少比過去的太陽能電池提高了三成左右。

外部空氣在流經吸熱板與屋頂之間的通氣層時，會受到太陽能加熱，並經由朝下的導管儲藏在位於地底的地下儲熱槽中，隨後再呼應需求，做為暖氣或熱水的熱源使用。然而無須多言，住家的牆壁和玻璃窗的結構都具備高隔熱性能，因此用來保持室內舒適溫度的熱泵，耗電量也遠比一般的家庭來得少。

住家的屋頂具有煙囪狀的通風口，裡頭裝設有小型風力發電機；住家與車庫之間具有電池室，並會在車庫中裝設200V的充電器。一旦到了用電需求少的時段，充電器就會自動替停駐的電動車充電。而充電時間約為八小時，滿充電的可行駛距離為160km，不論是要開車通勤還是採購都不成問題。至於長距離的旅行，則可使用備用的油電混合車或燃料電池車。

而這種住家的另一項特徵，就是可透過智慧型電表讓家中電力與熱能流向的供需關係一目瞭然，並同時將電力系統的耗電量控制在最小的程度。現在的平均能源自給率已達到了65%，但可期望透過更為高度的控制，達到自給率100%的目標。

●能夠儲藏太陽能，設有蓄電池與儲熱槽的環保屋
●可透過智慧型電表，讓電力與熱能流向清晰可見

圖1 未來住宅（環保屋）

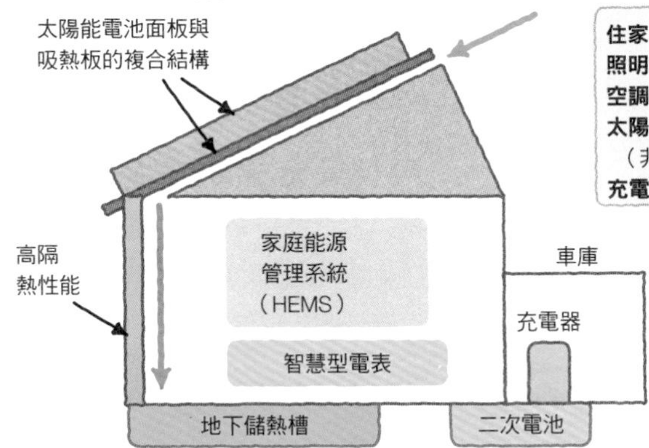

個人住家的節約用能，是日本減碳目標的重點之一

圖2 智慧型能源網

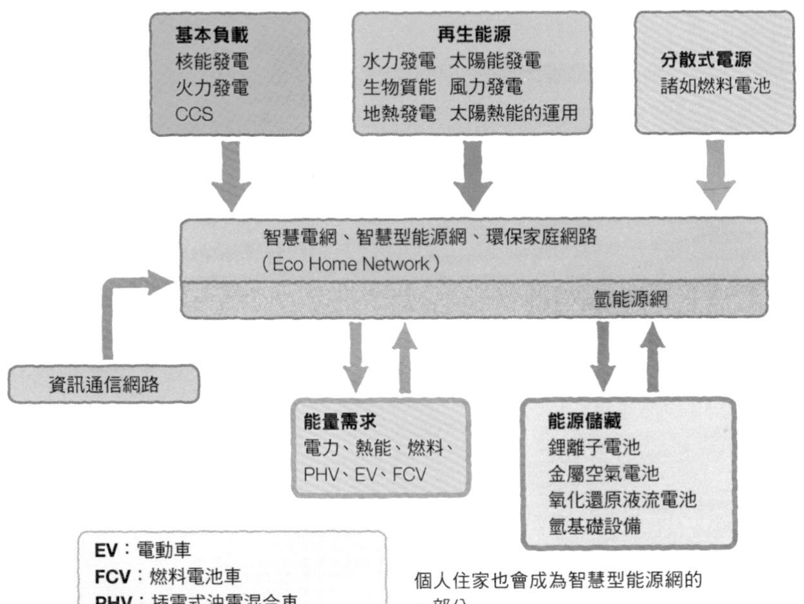

個人住家也會成為智慧型能源網的一部分

用語解說

CCS（Carbon Capture and Storage）→ 二氧化碳的回收、儲藏。

COLUMN

總整理 智慧型能源網與氫能源系統

既有的電力系統，是以常保一定功率運轉的核能發電或高效率火力發電等基本負載電廠為主體，再輔以負責調整功率的火力發電、水力發電、以及具備大規模電力儲藏機能的抽蓄發電。若想在此系統中，大規模地導入在時間、地點方面都存有大幅度變動因素的太陽能或風力發電等再生能源，為維持電力系統的安定、並提供消費者高可靠性的電力，就必須導入能精密管理輸出入的能量儲藏機能，並同時使用高度情報通信機能，廣範圍並且高效率的控制電力的流向。然而無需多言，除了水力、地熱發電這種可控制的再生能源電源外，也還是存有像是生物質能這種儘管受到地區限制，但依舊做為生質酒精或生質柴油等可搬運燃料使用的電源。

以上是把焦點著重在電力上的論述，然而在能源需求之中，卻還包含有熱能和可搬運燃料。至於不僅侷限於電力，而是綜合性並且廣域性地運用包含熱能在內的各種能量媒介，試圖藉此提升能源利用效率的嘗試，即為「智慧型能源網」的概念。儘管支撐智慧型能源網的主要能源為電力、氫、以及天然氣，但導入太陽能或生物質能等再生能源、特別是適用於太陽熱能運用的熱泵，則也十分有效。燃料電池在從氫燃料或天然氣中取得電力的同時，也能當場利用所產生的廢熱，因此可大幅度的提升能源利用效率。若想在發展於都市地區的集合住宅中導入燃料電池系統，就必須建構可供給各個家庭氫燃料的氫網路。而氫能社會的到來，也將是從這裡開始吧。

参考文献

書籍

『二次電池Q＆A（OHM 2008年1月号付録）』 小久見善八、西尾晃治 著（オーム社、2008年）

『燃料電池のすべて』 池田宏之助 編著（日本実業出版社、2001年）

『図解 燃料電池のすべて』 本間琢也 監修（工業調査会、2003年）

『水素・燃料電池ハンドブック』 水素・燃料電池ハンドブック編集委員会 編著（オーム社、2006年）

『電気化学』 小久見善八 著（オーム社、2000年）

『燃料電池発電システムと熱計算』 上松宏吉 著、本間琢也 監修（オーム社、2004年）

『電池便覧第3版』 電池便覧編集委員会 編（丸善、2001年）

『燃料電池発電』 電気学会燃料電池運転性調査専門委員会 編（コロナ社、1994年）

『燃料電池の技術』 電気学会燃料電池発電次世代システム技術調査専門委員会 編（オーム社、2002年）

『燃料電池入門講座』 本間琢也 著（電波出版社、2005年）

『図解 革新型蓄電池のすべて』 小久見善八、西尾晃治 監修（工業調査会、2010年）

『水素は石油に代われるか』 Joseph J.Romm 著、本間琢也、西村晃尚 訳（オーム社、2005年）

『電子とイオンの機能化学シリーズVol 4 固体高分子燃料電池のすべて』 田村英雄 監修（エヌ・ティー・エス、2004年）

『固体高分子型燃料電池の開発と応用』 渡辺政廣、本間琢也 他著（エヌ・ティー・エス、2000年）

資料

「リチウム２次電池の新展開」 産業技術総合研究所　関西センター講演会（2007年9月12日、梅田スカイビル　スペース36）

「未来エネルギーネットワークにおける水素と燃料電池」 電気学会水素と燃料電池の未来技術調査専門委員会（電気学会技術報告第1166号、2009年）

「雑誌OHM」 （2009年1月号、10月号）

「電池が熱暴走に至るメカニズム」 辰巳国昭、第3回UBIENフォーラム

「家庭用固体酸化物形燃料電池の実証試験」 京セラホームページ（http://www.kyocera.co.jp/）

『理化学辞典第5版』 （岩波書店、2001年）

『エッセンシャル化学辞典』 （東京化学同人、1999年）

『わが家のハッピープロジェクト 家庭用燃料電池システム』 （新エネルギー財団、2008年）

索引

數・英

一畫

二畫

三畫

四畫

五畫

六畫

七畫

八畫

九畫

十畫

十一畫

十二畫

十三畫

十四畫

十五畫

十六畫

十七畫

十八畫

二十畫以上

「發明」的夢想要打鐵趁熱！

在誕生於 20 世紀的廣域網路和電腦科學的影響下，科學技術有著令人吃驚的發展，使我們迎接了高度資訊化的社會。如今科學已然成為我們生活中不可或缺的事物，其影響力之強，甚至可說一旦沒有了科學，這個社會也將無法成立。

本系列是將工程學領域中嶄新的發明或應用製品，從基本的理學原理、結構開始揭開其神秘面紗，並藉由全彩插圖或照片來圖解特徵，進行淺顯易懂的解說。本系列特別嚴選在了解各書主題的專門領域時必須優先得知的重點項目，讓每一頁翻開都是充實的學識。不論你是高中生、專科生、大學生，或是一般上班族都能夠輕易理解。如此一來，就能讓「發明」的夢想站在實現的起跑線上吧！

就算要創造出變革社會的偉大產品，也得要先打好基礎才行。而不論何時都能讓人回顧基礎的本書系，相信一定能夠對您有所幫助的。

TITLE

燃料電池

STAFF

出版	瑞昇文化事業股份有限公司
作者	本間琢也、上松宏吉
封面插畫	野辺ハヤト
譯者	薛智恆
總編輯	郭湘齡
責任編輯	王瓊苹
文字編輯	林修敏、黃雅琳
美術編輯	李宜靜
排版	執筆者設計工作室
製版	昇昇興業股份有限公司
印刷	桂林彩色印刷股份有限公司
戶名	瑞昇文化事業股份有限公司
劃撥帳號	19598343
地址	新北市中和區景平路464巷2弄1-4號
電話	(02)2945-3191
傳真	(02)2945-3190
網址	www.rising-books.com.tw
Mail	resing@ms34.hinet.net
初版日期	2011年10月
定價	300元

國家圖書館出版品預行編目資料

燃料電池：連北極熊都説讚的替代能源！／
本間琢也、上松宏吉作；薛智恆譯.
-- 初版. -- 新北市：瑞昇文化，2011.08
208面；14.8×21公分

ISBN 978-986-6185-63-2（平裝）

1.電池

337.42　　100014427

國內著作權保障，請勿翻印 ／ 如有破損或裝訂錯誤請寄回更換

NENRYOU DENCHI NO KIHON
Copyright © 2010 TAKUYA HONMA & HIROYOSHI UEMATSU
Originally published in Japan in 2010 by SOFTBANK Creative Corp.
Chinese translation rights in complex characters arranged with
SOFTBANK Creative Corp. through DAIKOSHA INC., JAPAN